"十三五"普通高等教育本科部委级规划教材

服装效果图

手绘表现技法实用教程

边沛沛　编著

中国纺织出版社

内 容 提 要

本书以服装画技法的表现方法为主要内容，讲解服装画人体的表现技法、人体局部的表现技法、服装画的表现技法、单纯性表现技法、综合性表现技法、服装质感与图案的表现技法、服装画的风格表现、计算机辅助服装画、服装画作品鉴赏。由浅至深地讲解服装画的基本绘制方法和技巧，将服装之美落到纸面上形成图画的美。

本书以实际案例为主体内容，结构严谨、图文并茂，内容具有较强的实用性，既可作为高等院校服装专业的教学用书，也可作为服装爱好者的参考用书。

图书在版编目（CIP）数据

服装效果图·手绘表现技法实用教程 / 边沛沛编著 .
—北京：中国纺织出版社，2019.1（2022.8 重印）
“十三五”普通高等教育本科部委级规划教材
ISBN 978-7-5180-5511-1

Ⅰ.①服… Ⅱ.①边… Ⅲ. ①服装设计—效果图—绘画技法—高等学校—教材 Ⅳ. ① TS941.28

中国版本图书馆 CIP 数据核字（2018）第 240085 号

责任编辑：孙成成　　责任校对：王花妮　　责任印制：王艳丽

中国纺织出版社出版发行
地址：北京市朝阳区百子湾东里 A407 号楼　邮政编码：100124
销售电话：010—67004422　传真：010—87155801
http://www.c-textilep.com
E-mail: faxing@c-textilep.com
中国纺织出版社天猫旗舰店
官方微博 http://weibo.com/2119887771
北京华联印刷有限公司印刷　各地新华书店经销
2019 年 1 月第 1 版　2022 年 8 月第 3 次印刷
开本：787×1092　1/16　印张：9.5
字数：119 千字　定价：49.80 元

前言

Preface

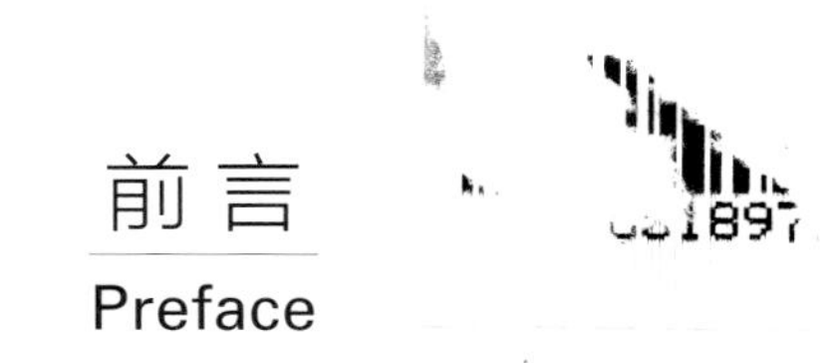

成为一名出色的服装设计师，需要扎实的基本功。如何利用好周边及国内外艺术符号，灵敏捕捉服装时尚密码，离不开周密、详实的训练过程。服装画是服装设计过程中的重要环节，初学者应牢固掌握服装画技法的各种表现形式并尝试自由拓展，立足服装，进行服装画技法训练，学会如何在二维空间最大限度地表现服饰的三维空间、艺术特征的方法。练就服装画技法的基本功首先从用心画好一幅画作开始，从宏观到局部，从轮廓草图到服装面料，从布局比例到细微褶皱，由浅入深，由表及里。练就服装画技法的基本功需要细致的观察力，模特姿态与支撑点对衣纹的影响、宽松和紧身服装在人体上的不同表现等都需要服装设计者充分运用绘图技法来进行细腻表现。练就服装画技法的基本功需要开阔的眼界，培养灵敏的色彩嗅觉，充分调动人体对色彩的感知和运用能力，广阔的色域选择需要不厌其烦的调试与比较才能运用得当，只有不断观察、琢磨、实践、修改、反思才能积累经验，才能如医者般拿捏准确，如乐者般收放自如，如文者般详略得当。

成为一名出色的服装设计师，需要通过服装画技法释放独具一格的魅力，通过服装画技法的多种表现手法，心意相通，充分地表达个人情感和对服装设计的热爱。初期的服装设计者往往临摹的成分较多，而一位成熟的服装设计师不仅能够通过书画作品、摄影艺术等相互借鉴，还能触类旁通，灵活运用各种元素进行设计实践。服装设计者需要匠心精神，创新是成就大师级的必经之路，创造性的构思也是服装设计的动力之源，依托大胆的尝试，不断的创新和改良，不拘一格地创新服装画的表现方法，达到卓越的艺术水准。

成为一名出色的服装设计师，切忌本末倒置。服装画强调设计，是服装的工程图纸，是制作成衣的借鉴标准。服装画着重于在服装上的张力表现，并不只是强调个人风格和画面效果，不可简单地将服装画归类于一般画作，顾此失彼而遗忘服装画的根源和用途。

一位出色的服装设计师，不仅是一位个人绘画风格独特的匠人，还要能够带给世人一种潮流的精神风尚。

作者

2018年7月

目录

Contents

第一章 Chapter One 服装画概述

服装画已有近五百年的历史，无论在服装领域还是在绘画艺术领域都占据着非常重要的地位。它将各种艺术审美、不同时代精神等转化成为一种自身艺术特征的形式表现，由于其多姿与繁荣的艺术气质，从不同的侧面彰显了社会发展的真正价值，尤其是对于服装行业领域的社会演进来说，服装画的重要作用无可替代。

第一节　服装画的概念、特点及分类

一、服装画的概念

服装画也称时装画、服装效果图，它以描绘表现服装款式结构、体现服装形象穿着效果为主题且注重表现艺术感染力，是反映流行趋势、服饰文化和生活方式的一种专业绘画形式。

服装画主要应用于服装的设计环节与服装信息的传播发布，它是设计本源、设计创意、设计情感等方面形象化、综合化、独特化的诠释表达。绘制服装画需要研究人体比例、动态、运动规律及服装造型、服装色彩、服装材料等。服装画实现对于表现内容、形式技法的表达，反映出不同时代的穿着方式及穿着理念，而且也进一步凸显对于艺术创作观察、创作体验的深刻感受，充满着艺术生命力情绪的表达。

服装画以绘画形式理论为基础、以绘画应用技法为表现手段来完成着衣人物状态。尽管这种绘画形式具有动人的艺术魅力，但它与一般纯粹美术创作的表现根本目的不同。美术创作强调的是画家创作意念的表达，是一种画面基调的整体协调性，而服装画表达服装设计构思，表现艺术创作自由、感性的特征，同时着重体现服装、服装与人的关系、服饰配件、流行信息等基本属性和特征，它是服装设计师表达想法的工具，是传达尺寸数据与制作工艺、适应现代个性式审美观念的直观工具，颇具商业性的表达气息，在整个服装设计、生产、销售等一系列过程中成为一种传递服装时尚信息的媒介。服装画注重艺术理论运用与服装产业发展的结合，既具有艺术价值，又具有实用价值。

二、服装画的特点

随着时代的发展，服装画更倾向于寻求情感艺术的表达，其表达功能在不断发展，形式在逐步完善，并被赋予了新的内涵，更具有多元化的气质。服装画不再只是对服装的描绘，其远远超过服装设计本身，而逐渐发展成为一种独立的画种。特别是对于一名服装从业人员来说，能够画一手漂亮的服装画是最基本的专业素质体现。

服装画应具备如下特征：

1. 创意表达

服装画的本质需体现出独具特色的创意表达空间。它应做好创意思维的“发散集中”，以直观独特的视觉造型艺术形式，串联与诠释服装的风格与文化精髓，赋予作品灵性，使绘画具有一种发自肺腑的情感，进而表达某种思想的交流。

2. 人体比例

注重动态规律，常以站姿正面、半侧面的角度为佳，人体比例既写实又具有夸张性。

3. 人物造型

结合服装人体与服装造型设计，强化它们之间的有效联系，在视觉上形成理想化的完美形象。同时，在对于实用性服装的表达时应充分体现出服装的款式和结构特征，避免造成工艺认识偏差。

4. 色彩视觉

以表现服装本身固有色彩为主，可忽略环境色的配置表现。

5. 画面节奏

遵循视觉创作的形式规律，运用造型元素、色彩配置、技法形式等方面特有的语言来表现空间的不同层次，营造一种视觉空间，从平面到立体，从静态到动态，给人以无限的艺术感染力。

三、服装画的分类

服装画种类多样，大致可以归纳为四类，服装设计草图、服装效果图、服装插画和服装平面款式图。服装画按用途主要分为服装效果图与服装艺术插画。

1. 服装设计草图（图1-1）

服装设计草图是指设计者记录设计构思、捕捉设计灵感的绘画形式。它通常用快速、简洁的黑白或色彩单色线

图1-1 迪奥高级定制设计草图

条勾勒，结合文字说明，省略细节刻画，侧重表现受到某种事物启发而迸发的灵感，记录服装款式主要特征，而忽略艺术性。

2. 服装效果图（图1-2）

服装效果图主要应用于服装设计中，旨在表现服装的设计意图特征，以服装款式、服装色彩、服装面料质感、服装工艺等的准确表达为核心。服装效果图旁一般附面料小样和具体的细节说明。服装效果图不仅能表现服装设计的实际应用效果，同时也有很强的艺术性和审美张力。它以形象、生动的造型语言传达设计者的创作意图。

3. 服装插画

服装插画是指以服装造型为基础，通过艺术处理的手法体现画面艺术性和鲜明个性效果的绘画形式。服装插画主要用于传播艺术观念倾向和时尚美感，并不具体表现服装款式、色彩、面料的细节，而更注重绘画技巧和视觉冲击力，以意境联想、简洁夸张、抽象达意的设计形象，强调艺术形式对主题的渲染。常用于服装品牌宣传、服装报刊、广告海报、橱窗等。

4. 服装平面款式图（图1-3）

服装平面款式图是服装效果图的补充说明。它按照服装造型的比例，通过立体与平面化的黑白线条来表现服装款式特征（外轮廓、内在结构线、装饰线和图案等）。

图1-2　服装效果图

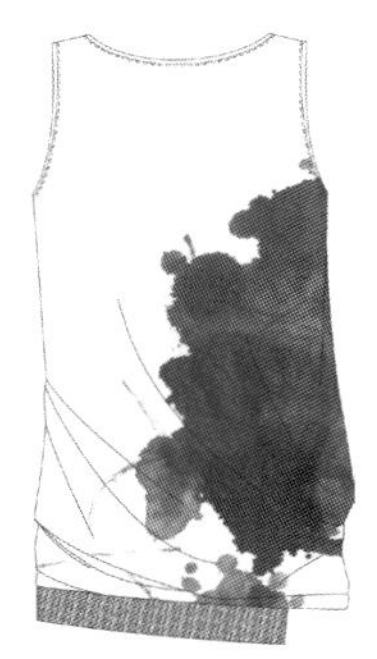
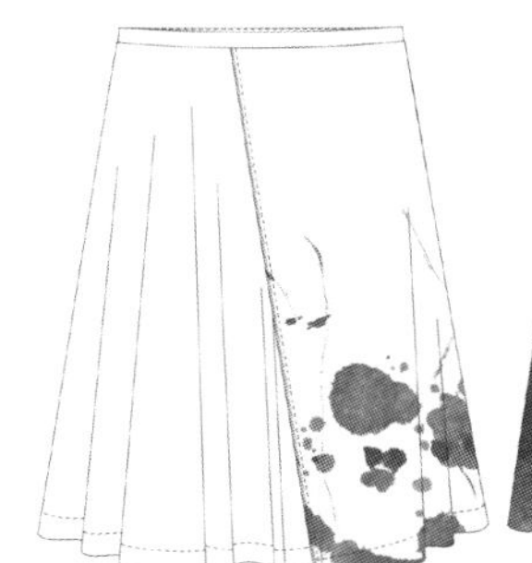

图1-3　服装平面款式图

第二节　学习服装画的方法

服装画可以通过服装设计草图、服装平面款式图、服装效果图等形式来完成。它们的作用各异，学习的侧重点也不同。

一、学习绘制服装设计草图

服装设计草图是以迅速捕捉灵感为目的的。主要体现设计者的想象力，表现技法并不重要，那么设计者如何得到服装设计的灵感呢？途径有三：其一，广泛涉猎服装、服饰类杂志，从摄影作品中得到启发；其二，借鉴其他艺术门类，如：舞蹈、电影、雕塑等，虽然艺术形式不同，但本质是相通的，可以相互影响、相互借鉴、相互融合；其三，投身到大自然，在那儿不仅能捕捉丰富的色彩灵感，还可以得到许多造型启示。

二、学习绘制服装平面款式图

服装平面款式图在实际应用中极具参考价值，它为服装的裁剪制作提供了依据。在绘制服装平面款式图时应尽量把服装结构的细节交代清楚，如：是褶裥还是省道，是装饰线还是结构线等，均不得含糊。

三、学习绘制服装效果图

服装效果图注重的是表现能力，而表现能力是通过造型和技法综合体现出来的。要想在短期内迅速提高服装效果图的绘画能力，提倡一种看似简单的方法——临摹。这种方法对初学者更加行之有效。临摹只是掌握绘画技巧，而不是以简单机械重复为最终目的。可以临摹优秀服装画作品，也可以临摹时装摄影图片，只有不断观察、分析、琢磨、实践，才能积累一定的经验，从而做到心中有数。

有些人认为服装效果图就是画画，一味强调个人绘画风格，这是错误的。在服装效果图中固然可以表现个人风格，但无论追求哪种风格，绝不能忘记其首要任务是服装设计，这一点至关重要。

服装效果图应既能很好地传达设计者的服装设计意图，又不乏个人绘画风格。一位设计师，只有集审美能力、创造能力和表现能力于一身，才能成为优秀的服装设计师。

第三节　绘制服装画所需要的工具

一、纸类

1. 水粉纸

水粉纸纸纹较粗，有一定的吸水性，易于颜色附着。

2. 水彩纸

水彩纸纸质坚实，经得住擦洗。因作画时水彩颜料含有大量水分，只有其特有的凹凸不平的颗粒，才能锁住水分，呈现润泽感。

3. 素描纸

素描纸纸质不够坚实，上色不宜反复揉擦，吸水能力过强，用它来画色彩，颜色易灰暗，因此画色彩时，应适当将颜色调厚加纯。

4. 拷贝纸

拷贝纸可用来拷贝画稿（图1–4）。

图1–4　拷贝纸

5. 宣纸

宣纸分生宣、熟宣，生宣纸质地较薄，吸水性能强，适用渗透效果；熟宣纸不易吸水，适用于工笔画法的刻画，可用来表现带有中国画风格的服装效果图。

6. 色粉纸

色粉纸质地略粗糙，带有齿粒，适于色粉附着。色粉纸一般都带有底色，常用的有黑色、深灰色、灰棕色、深土黄色、土绿色等。画服装画时，可巧妙地借用纸张的颜色为背景色。

7. 卡纸

卡纸质地洁白、光滑，有一定的厚度，吸水性能差，不易上色，易出笔痕。另外，卡纸还有黑卡纸、灰卡纸。在服装画中，黑卡、白卡多用于裱画，有时也可利用卡纸的色彩作为背景色。

二、笔类（图1–5）

绘制服装画的画笔有三种作用：起稿、勾线、上色。

1. 铅笔

铅笔有软硬之分，多用于起稿。

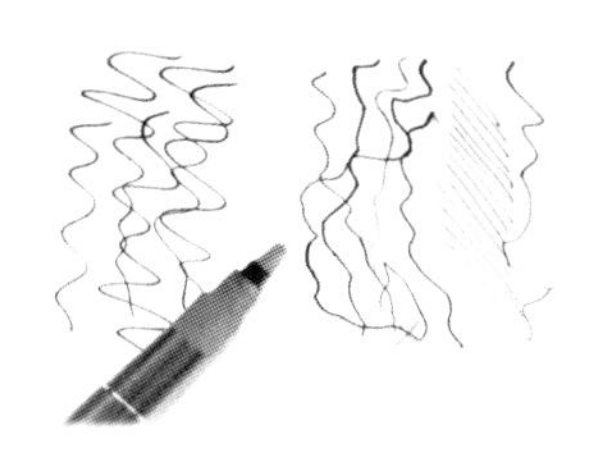
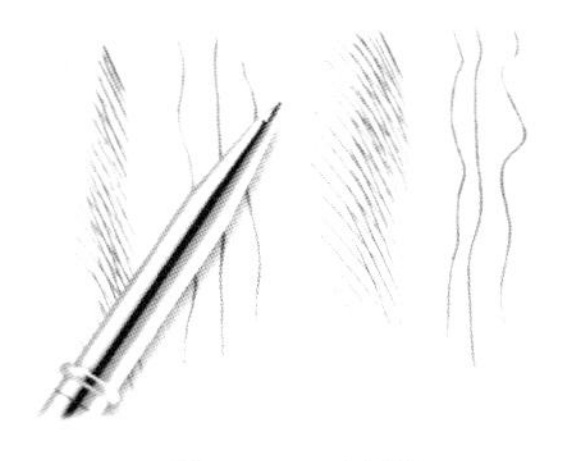
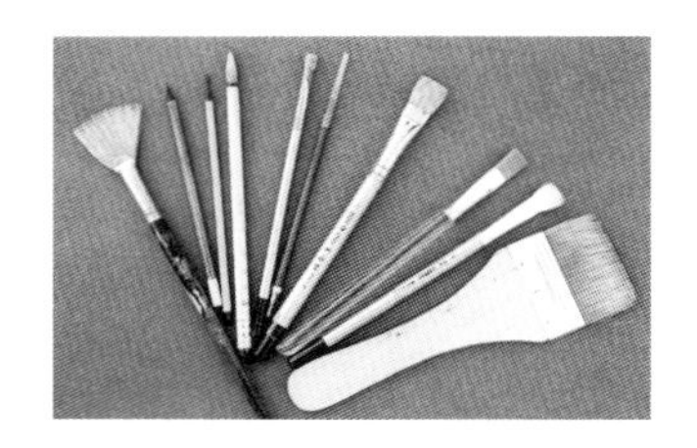

图1-5　笔类

2. 彩色铅笔

彩色铅笔有多种颜色，作用和铅笔相同，在服装画中具有独特的表现力。

3. 水溶铅笔

水溶铅笔有多种颜色，兼具铅笔和水彩的功能，着色的时候有铅笔笔触，晕染后有水彩效果。

4. 针管笔

针管笔笔尖粗细0.05~0.9mm，一般适用于勾线及排列线条。

5. 马克笔

马克笔分水性、油性两种。有多种颜色，色彩丰富，不宜调混，直接使用。

6. 蜡笔

蜡笔有多种颜色，有一定油性，笔触比较粗糙（图1-6）。

7. 色粉笔

色粉笔以适量的胶或树脂与颜料粉末混合而成，不透明，极具覆盖力。无须调色，可直接使用，易脱落。

8. 毛笔

毛笔有软、硬之分。软质的为羊毫，常用的有白云笔（大、中、小），这类笔锋柔软，适用于涂色面；硬质的为狼毫，其品牌有红毛、叶筋、衣纹、花之俏等，这类笔锋尖挺，适用于勾线。

9. 排刷

排刷有大、中、小号之分，一般在绘画中使用软质排刷。多为涂大面积的背景或者裱画刷水之用。

三、颜料类

绘制服装画最常用的颜料是水粉、水彩。

1. 水粉

水粉具有覆盖能力强、易于修改的特性。使用

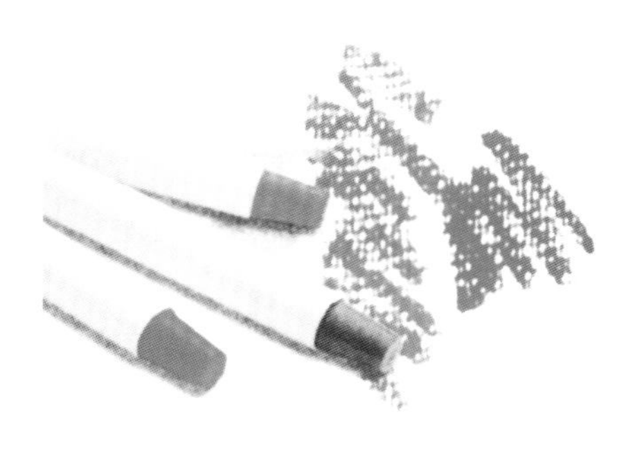
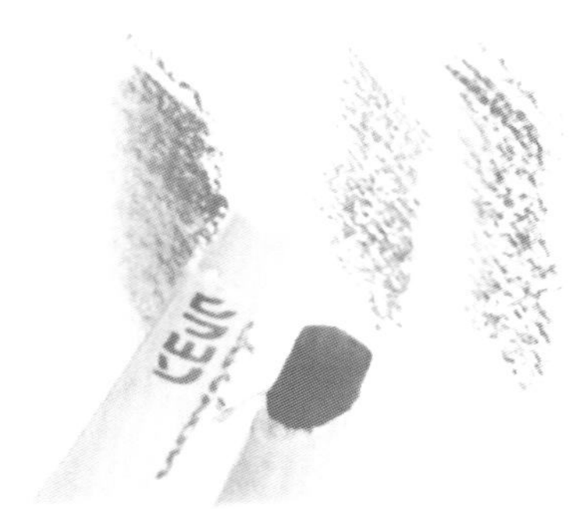

图1-6　蜡笔

水粉颜料时要特别注意变色的问题，水粉在潮湿的状态下颜色鲜艳，但全部干透后，颜色在明度上普遍变淡，因此需要不断实践才能逐渐掌握它的特性。

2. 水彩

水彩具有透明、覆盖力弱的特性。

四、其他辅助工具（图1-7）

图1-7 其他辅助工具

1. 橡皮

橡皮有软硬之分。画服装画时多用软质橡皮，以便擦涂，不至损伤纸面而不利于上色。

2. 尺子

画服装画时多选用直尺，用于画边框。

3. 笔洗

笔洗用来涮笔，一般用瓶、罐、小桶。

4. 调色盒

调色盒是为调色存放颜料的塑料盒。色格以多而深为好，一般以24格为宜。调色盒备用时需配备一块湿润的海绵，以防颜料干裂。

5. 画板（图1-8）

画板即用于垫画纸的平板。

6. 刀子

刀子用于削铅笔和裁纸。

7. 喷笔

喷笔由气泵和喷枪两部分组成。用喷笔喷绘可表现出无笔触、雾状的效果。在服装画中，适用于表现细腻的大面积色彩。

8. 牙刷

通常将干湿适度的颜料用毛笔涂抹在牙刷上，以手指弹，可作为喷笔的廉价代替品。此类技法一般用于局部。

9. 各种固定纸张的工具

各种固定纸张的工具包括胶水、双面胶带、胶带（透明、不透明）、图钉、夹子等。

图1-8 画板

第二章
Chapter Two

服装画人体的表现技法

第一节　人体结构的基本知识

一、了解人体形状

可把人体各部分看成我们熟悉的形状（图2-1、图2-2）。

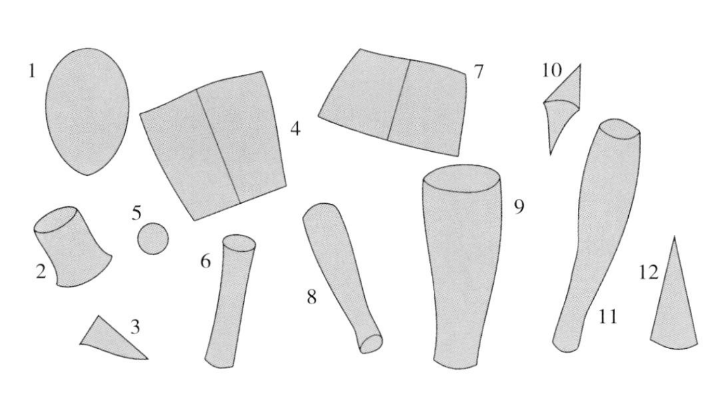

1. 头——椭圆形　　2. 颈——圆柱体
3. 肩胛——楔形　　4. 肋骨骨架——梯形盒状体
5. 肘部——球形关节　　6. 上臂——圆柱体
7. 骨盆——梯形盒状体　　8. 前臂——圆锥体
9. 大腿——圆锥体　　10. 手——菱形
11. 小腿——圆锥体　　12. 脚——锥体

图2-1　人体形状分解图

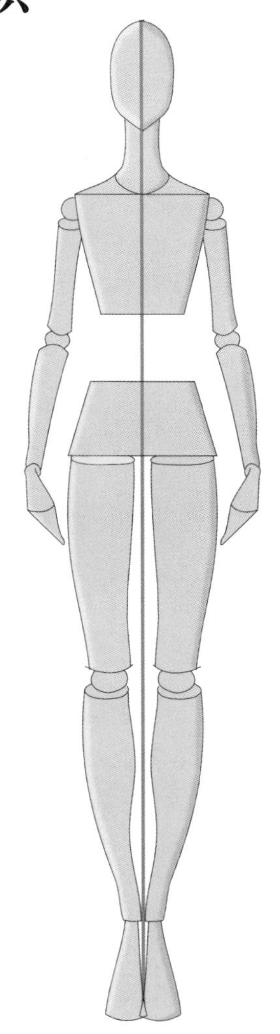

图2-2　人体形状

二、骨架与人体形状的关系（图2–3）

画面上所表现的人体可以分成两种结构：骨架及肌体，而人形则是这两种结构的简化体。构思时装人体时，需记住人体各部位的形状以及实际人体是立体的，描绘时装时需对人体的组织结构有一个很好的感觉。

有一点应该认识到，在人体中，没有一块骨头是笔直的，弯曲的骨骼有利于表现人体的活动和节奏感，富于生气，如果把手臂、腿的骨骼画得完全垂直，必然会给人以僵硬、死板的感觉。

在身体实际弯曲的部位应标出关节，描绘时装人体时，用这些关节部位定位，其目的在于使所画的线条有依据。

三、人体在画面上的安排（图2–4、图2–5）

以下公式将告诉你如何控制比例与尺度。

第一步，在纸的上端做出一个标记至a，留出下端空白及脚的位置，做出标记至b，由a至b轻轻画一条垂直线，从中间等分这条直线，做标记c。

第二步，在a与c之间做等分线，做标记①，等分a至①线，做标记②，等分c至①线，做标记③，最后等分b至c线，做标记④。

第三步，在a至②之间画出头的形状，穿过①至②线之间画一条水平线作为肋骨架（胸廓）的顶部（锁骨）。锁骨穿过垂直线的交叉点为颈窝；在③点（腰部）上、下处画水平线，画一条线穿过c点，加上胸廓的外形，到腰部逐渐变细，再加上骨盆的外形，在髋的顶部也逐渐变细，垂直线两侧的形状一定要对称。

第四步，现在给每个关节部位做出标记，然后把它画出来，首先画上肩部的球形关节，然后画出肩斜线（肩膀的宽度为两个头宽）。画出上臂圆柱

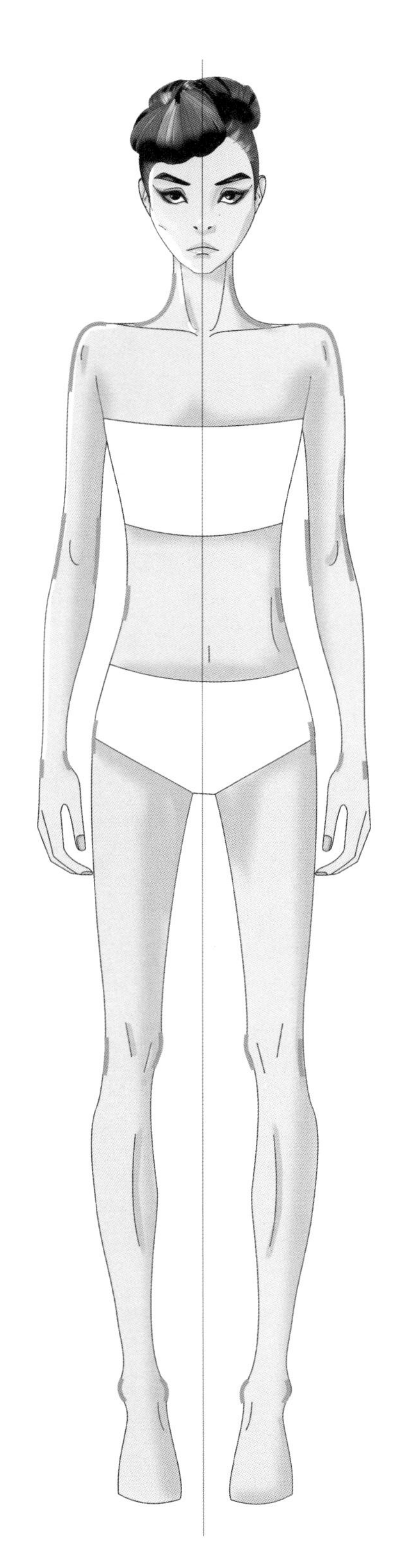

图2–3　骨架与人体形状的关系

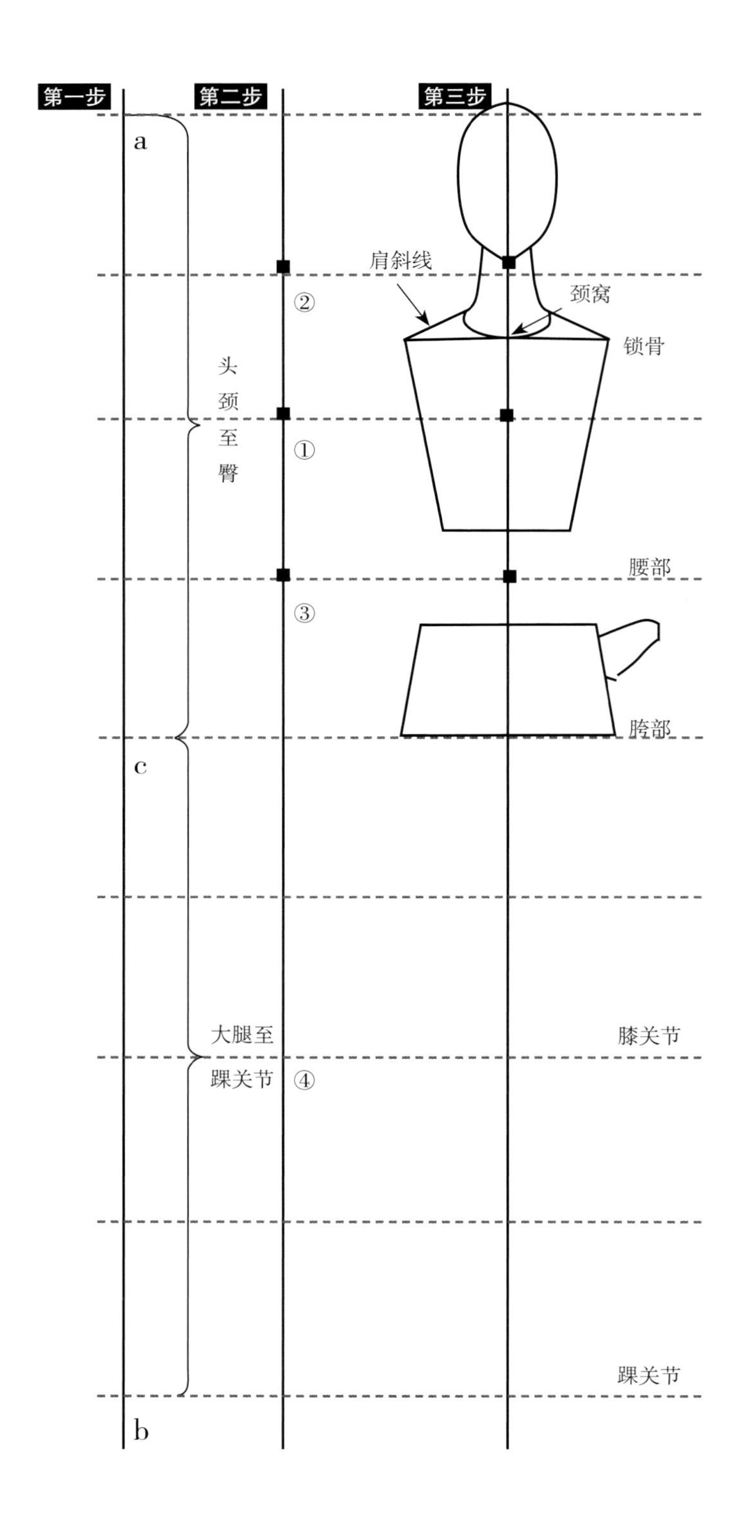

图2-4 人体在画面上的安排绘制步骤分解图1

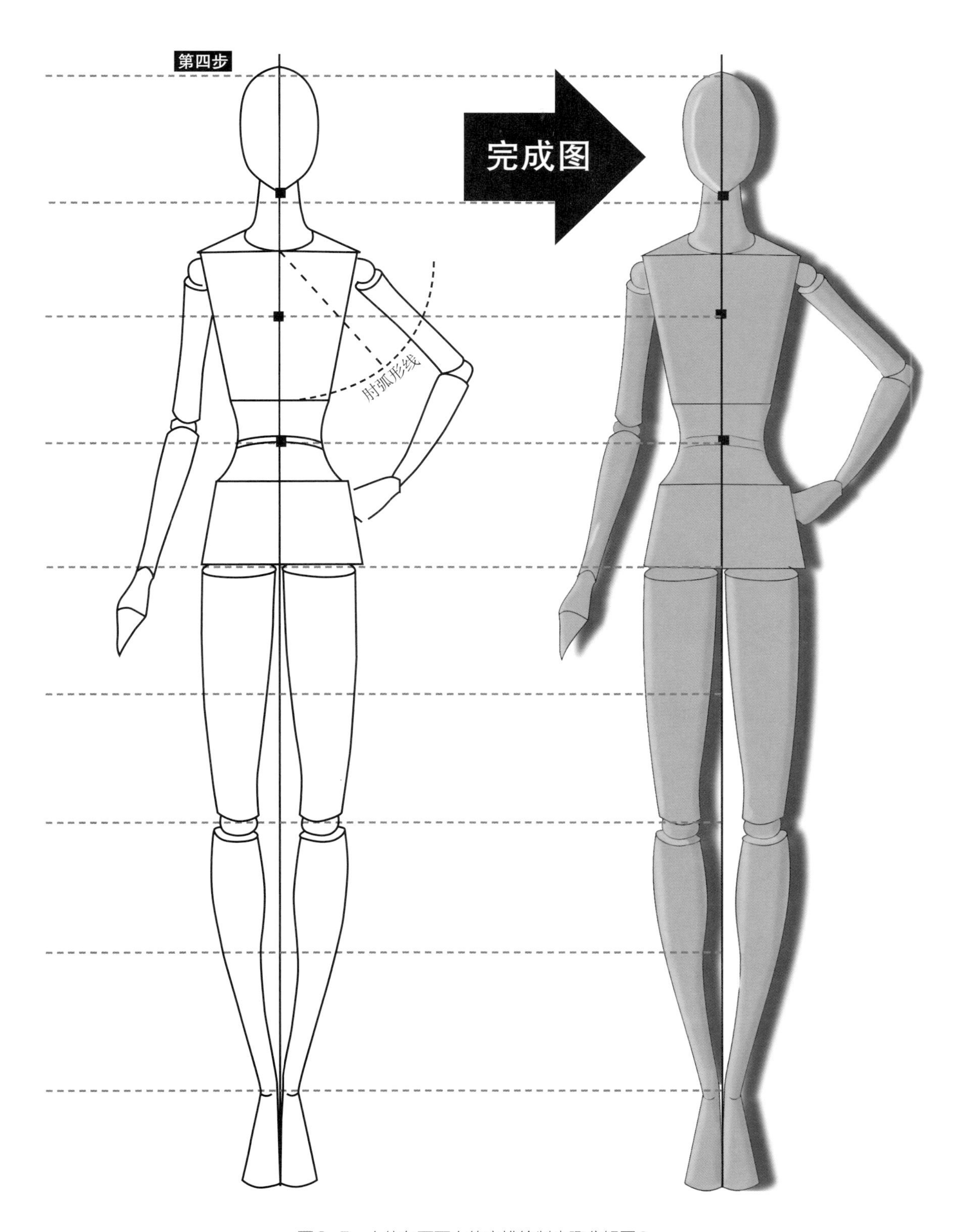

图2–5　人体在画面上的安排绘制步骤分解图2

体，在颈窝处设圆心，从腰部到肘部画弧，画出肘关节，然后画出前臂圆柱体，下一步，画出腰带，连接胸廓和骨盆，画出膝部球形关节和小腿圆柱体，并加上脚部锥形——大约一个头的长度，注意伸展手臂的腕关节处伸出。

四、重心与平衡（图2-6）

平衡是指人体重量的均衡分配，当身体向一侧倾斜时，一只手臂或一条腿就会向另一方向伸展，以补偿失去的平衡。单脚独立时重心集中在一点上，人体往往形成一个三角形以保持平衡。立正时，重心分配在双足上，人体又成了长方形。

要完成一个站立的放松姿势，需将躯体的重心平衡点落在一只脚上。

承受重量的脚应画在颈窝的正下方，连锁反应的结果为，躯干承受重量一侧的髋部提起，骨盆向不受重量的一侧倾斜，由于骨盆倾斜，胸廓和肩膀向身体受重的一侧放松，从而使躯干的垂直线弯曲。

必须注意受重的脚、腿、骨盆、腰以及胸廓的位置，以保持人体的平衡。而头、颈、臂及不受重的腿均是自由的，可以创造出各种各样放松的姿势来。

虽然重心平衡是表现动态的很有用的方法，但也有例外，未来还应学习描绘那些非公式化的动态。

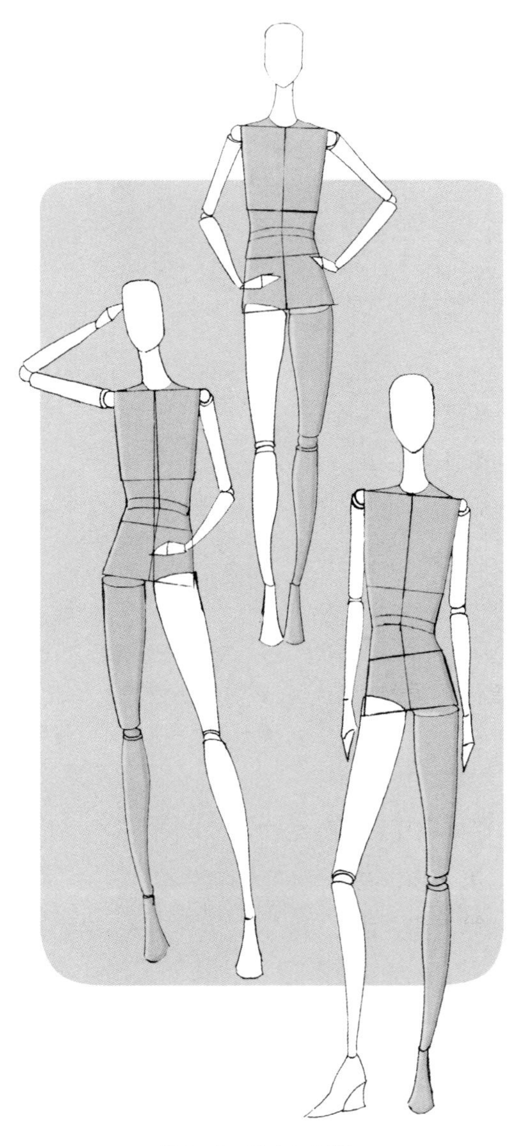

图2-6　重心与平衡

五、重心的平衡（图2-7、图2-8）

第一步，从头部到脚踝画出中心垂直线，并做出标记a、b、c及①、②、③、④。

第二步，画出头、颈及受重的脚，下一步画出胸廓的顶部锁骨线，稍微向人体受重的一侧倾斜。定出一条新的、放松的躯干中心线或T型线，在锁骨的右侧从颈窝画一条斜到腰部③的线。在c点与垂直线重新相接。在c点从右侧向新的放松躯干中心线低斜，画出骨盆的底边。

第三步，在腰线上方，画出胸廓的底线与其顶线平行。在腰线下方，画出骨盆的上缘线，与其底线平行。完成骨盆和胸廓时，中心线两侧的形状要对称，腰线向骨盆倾斜的同一侧倾斜，在④点画膝盖球形关节，向原垂直线的右侧逐渐变细，自骨盆处画大腿圆柱体与膝关节相接，之后从膝部向踝部画小腿圆柱体。再画出肩斜线，并在髋处画出拳头的形状。

第四步，画出肩部球形关节，再以颈窝为轴心，过腰部画弧，确定肘部球形关节的位置，画出上臂圆柱体，然后定出伸出手臂的腕部正好在c点之下，从肘关节到手腕处画两个前臂圆柱体，加上头形，在④点，通过受重的膝部轻轻标一条线与骨盆的底线平行，以确定不受重的膝关节的位置，在踝部画出另一条斜线以标明不受重的脚的位置，画出脚与腿的形状。

六、填充肌肉

可以采用拷贝的方法将人体结构转化为填充了肌肉的人体。

拷贝时，要记住不能一味模仿，要慢慢地画，边画边思考，使每一条线条都带有思想，在拷贝时头脑中应带有以下的目的：完善人体在纸上的位置；保持作品的姿态、尺度及比例效果；准备一幅整洁的草图或标准人体来进行工作；给人体填充肌肉。

拷贝按以下四个步骤进行。

第一步，在画板上贴上人体结构图，姿势、尺寸及比例已经完成，但人体在纸上的位置尚需进一步调整。草图画的位置稍偏向画纸的右侧。

第二步，将一张新纸覆盖在这张画上，白纸的位置已经调整，使用硫酸纸拷贝时注意调整主体人物在画纸上的位置。

第三步，将人体结构图放置在下面，以它为基准，填充人体肌肉。在人体结构上填充肌肉的时候，一定要注意保持画面的整体性，以便使人体的各个部位在形状和比例上互相关联起来。

第四步，用拷贝纸拷贝在画纸上，调节人体在纸面上的位置和大小，以保持合适的构图。检查一下第一步的拷贝是否需要再进一步调整，根据需要尽可能多地拷贝并且拉开距离来观察，直到视觉上感到满意为止。可在各种姿势中选用一张合适的图稿来表现各式服装。

七、填充肌肉，绘制人体外轮廓线

第一步，在画纸上轻轻地描绘或拷贝一个人体结构图（图2-9）。

第二步，为避免把画面弄脏，绘画的顺序要从上到下，从左到右。安排与策划在先，随即把注意力集中在反复画出填充肌肉的形状上。注意与骨盆倾斜相同的腰线的弧度。还要注意从骨盆底线到整个躯干底部的耻骨三角形，因此一定注意要在两腿之间留出一部分空间来。

第三步，在填充人体肌肉的同时，如图2-10所示，加上服装结构线，它们可以帮助确定胸线及垂直公主线的位置，前中心线可帮助确定拉链、扣子的止口位置，扣子所在的搭门线应与此线重合。

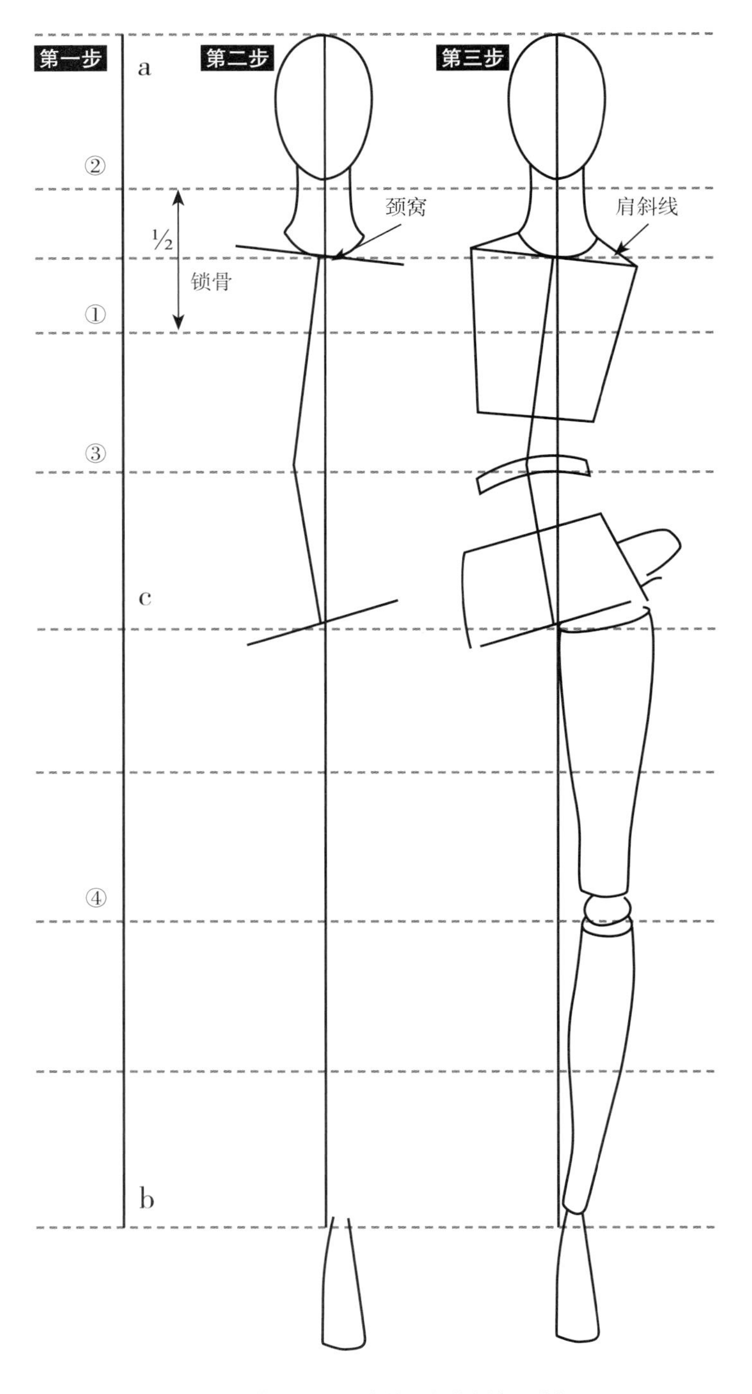

图2-7 重心的平衡绘制步骤分解图1

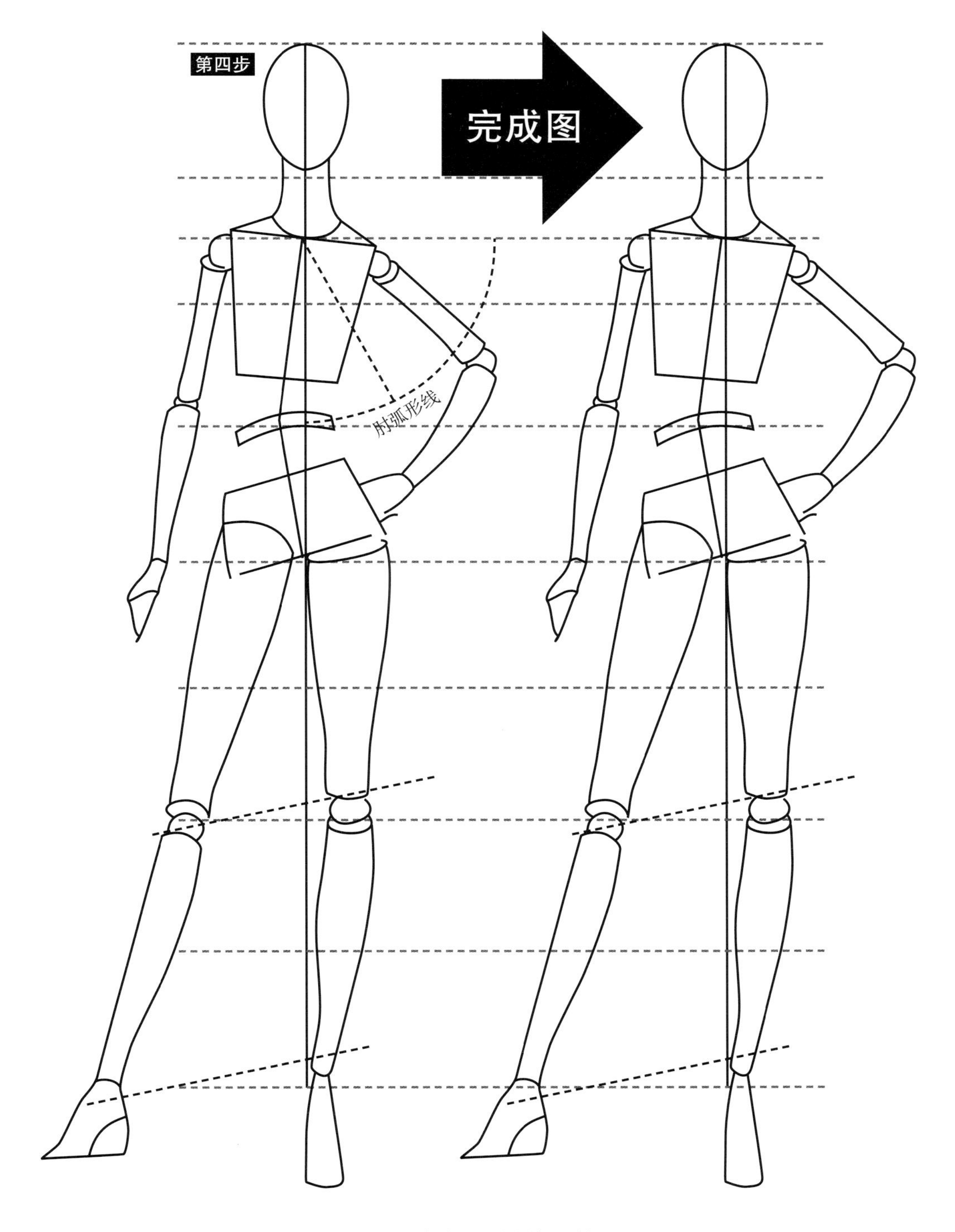

图2-8　重心的平衡绘制步骤分解图2

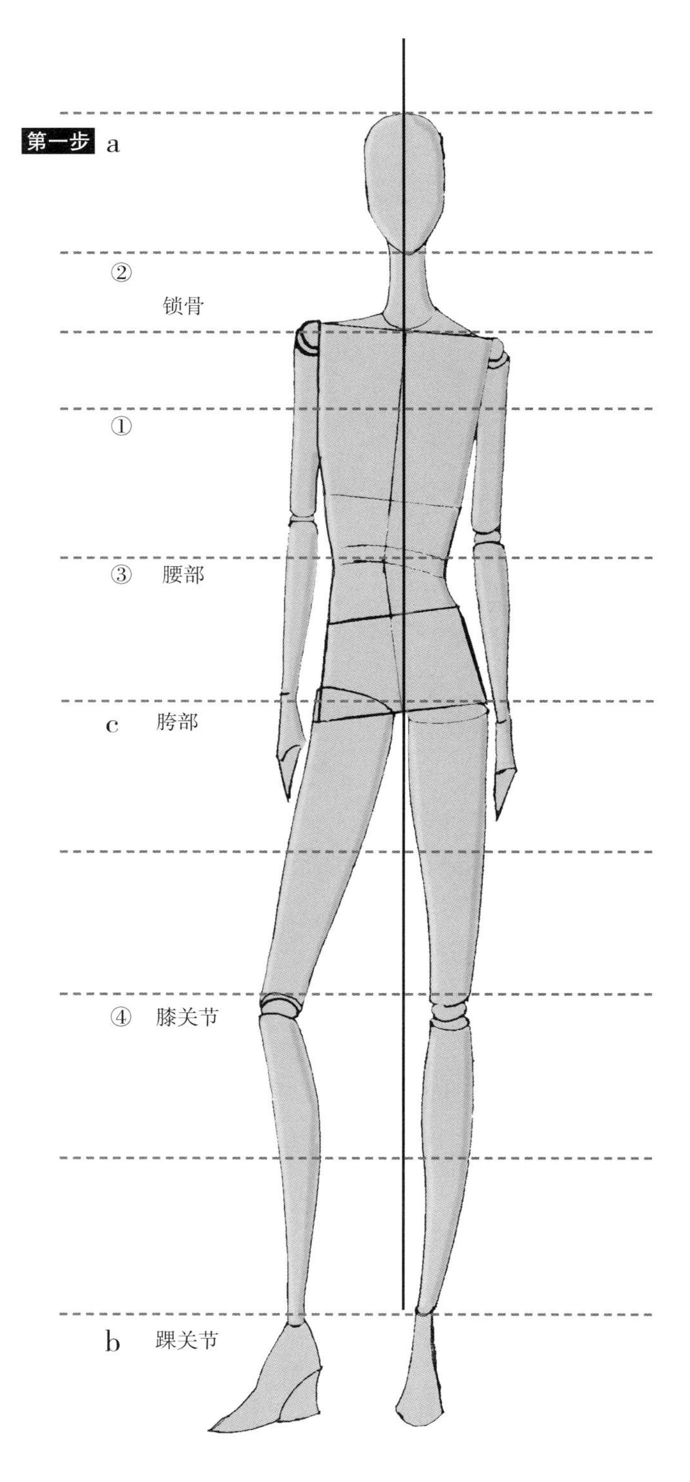

图2-9 人体结构图

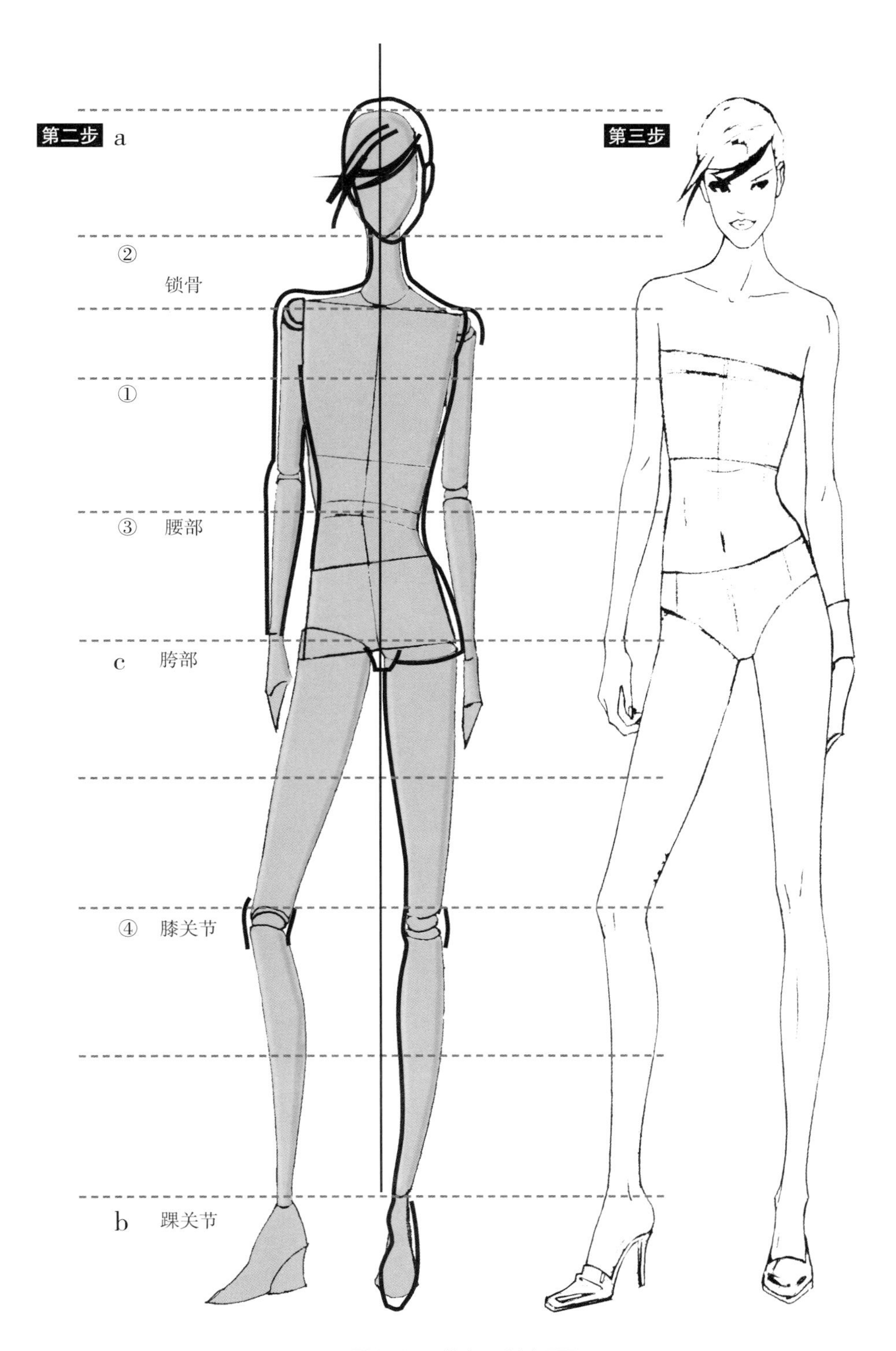

图2-10　填充肌肉过程图

八、男性人体与女性人体的比较

男性、女性人体之间从头到脚都是有区别的。熟悉男性与女性形体之间的比例变化是很重要的。

男性人体的特点：肩的宽度占头长的二又三分之一，两乳间距为一个头宽；腰部宽度略小于一个头长；腕恰好垂在大腿分叉的水平面上；双肘约居于肚脐的水平线上；双膝正好在人体高的1/4偏上处（图2-11、图2-12）。

男性与女性人体的主要区别是在骨盆上，男性骨盆较女性骨盆窄且浅；此外，男性的骨骼和肌肉丰满、结实，这是在绘画时要注意的一点。

女性人体的特点：女性身体较窄，其最宽部为两个头宽；下颌较小，颈部细而长；乳头位置比男性稍低，距肚脐约一个头长；腰线较长，腰宽为一个头长，肚脐位于腰线稍下方；

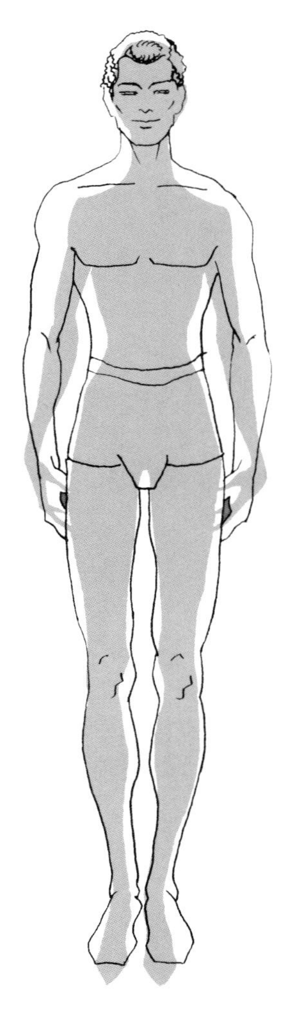

图2-11　男性人体1

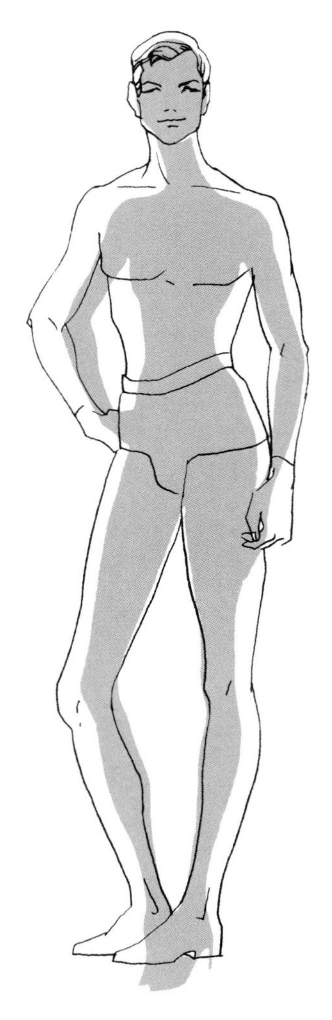

图2-12　男性人体2

股骨和大转子向外隆出，臀部丰满低垂，其正面比胸部宽，背面则比胸部窄，关键是胸部两腋间距前窄后宽所致；大腿平而宽阔，富有脂肪，从膝向下画小腿可以稍微画得长些；臂肌小且不明显，手较小而娇嫩，腕和脚踝较细弱，足较小略呈拱形。

一般来说，女性体形苗条，肌肉不太显著，头发、胸部和盆骨是女性的明显特征。

一个简单的划分女性身体比例的方法是：1/3至腰，2/3至膝，3/3至脚底。

九、男性人体与女性人体静态姿势的比较（图2-13）

男性：方肩；肘部远离躯干；腕和手部坚实有力；手掌低过臀部；放松的手掌下面手指弯曲；臀部的倾斜度较小，动态较稳健。

女性：肩膀放松；肘部靠近躯干；手腕柔韧，放松手的腕部弯曲；臀部明显倾斜；轻盈的体态——弯曲的膝部往往向内倾斜。

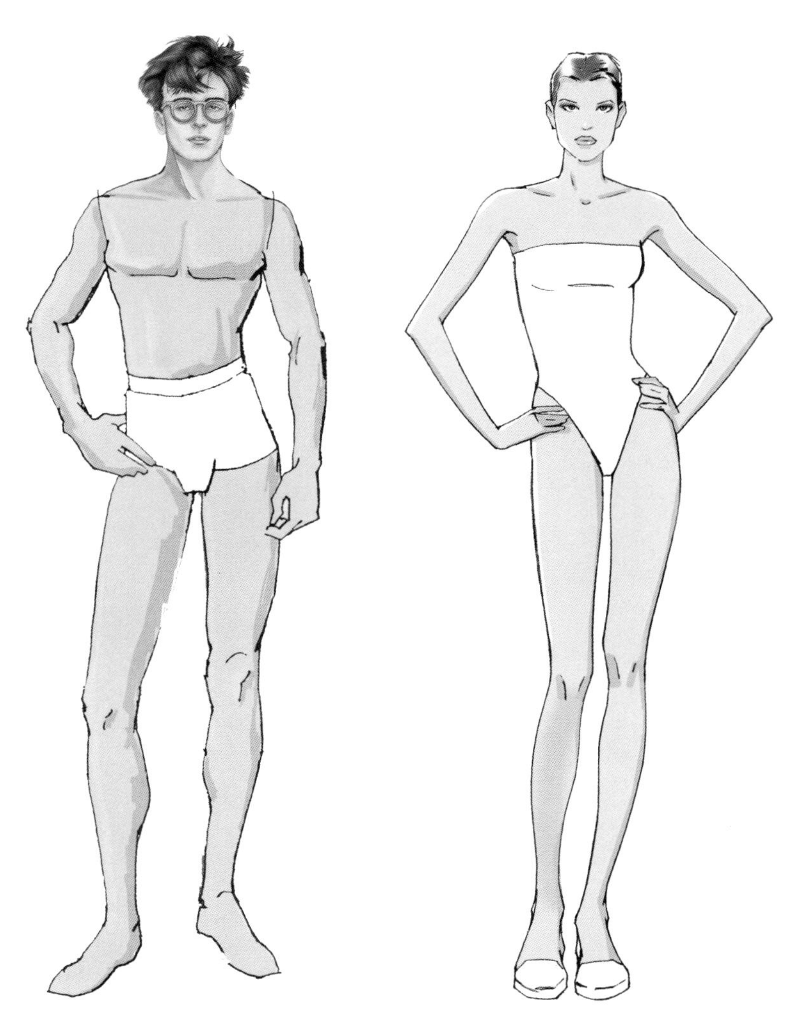

图2-13　男性人体与女性人体静态姿势的比较

十、男性人体与女性人体动态姿势的比较（图2–14）

男性动态，姿势的特点：摆动的肩膀，重心稳定在足跟，臀部扭动很小，手臂挥动自如，肘部远离躯干，手掌几乎触到大腿。

女性动态，姿势的特点：臀部的动作比肩部大，迈着轻盈的步伐，弯曲的腿从膝部摆出，手臂挥动优雅，肘部靠近躯干，往往向内倾斜。

图2–14　男性人体与女性人体动态姿势的比较

第二节　人体动态参考

一、女性人体动态（图2-15~图2-18）

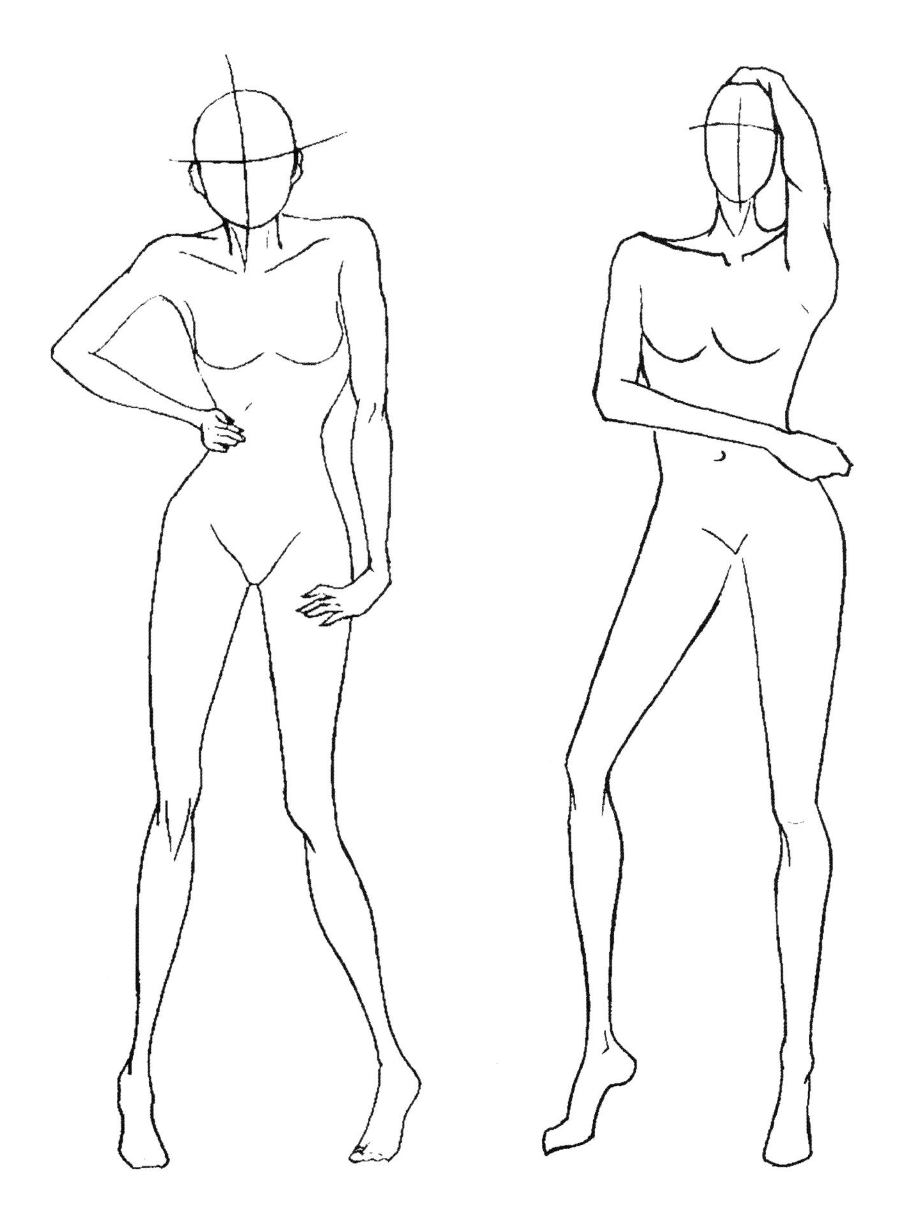

图2-15　女性人体动态1

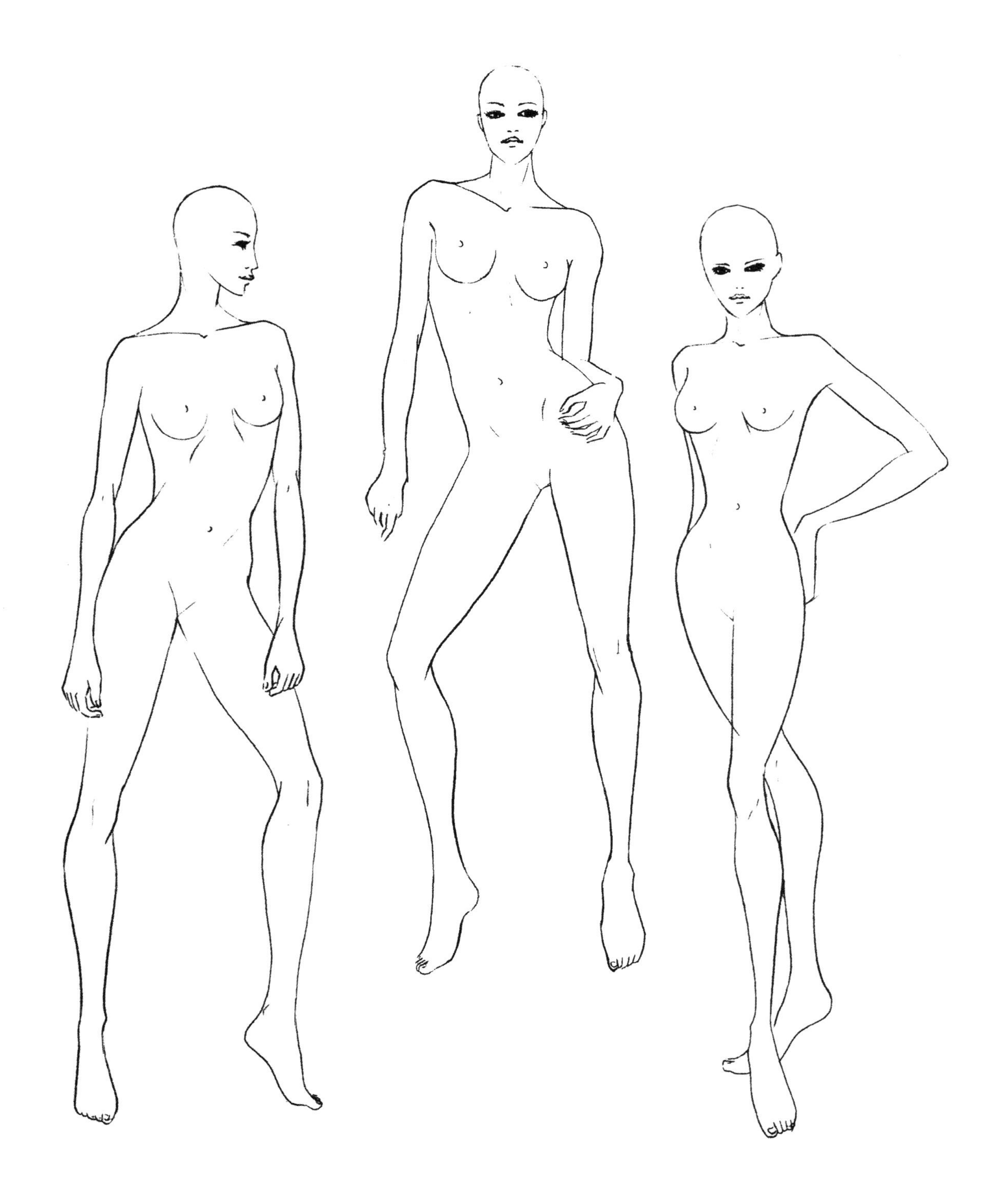

图2-16　女性人体动态2

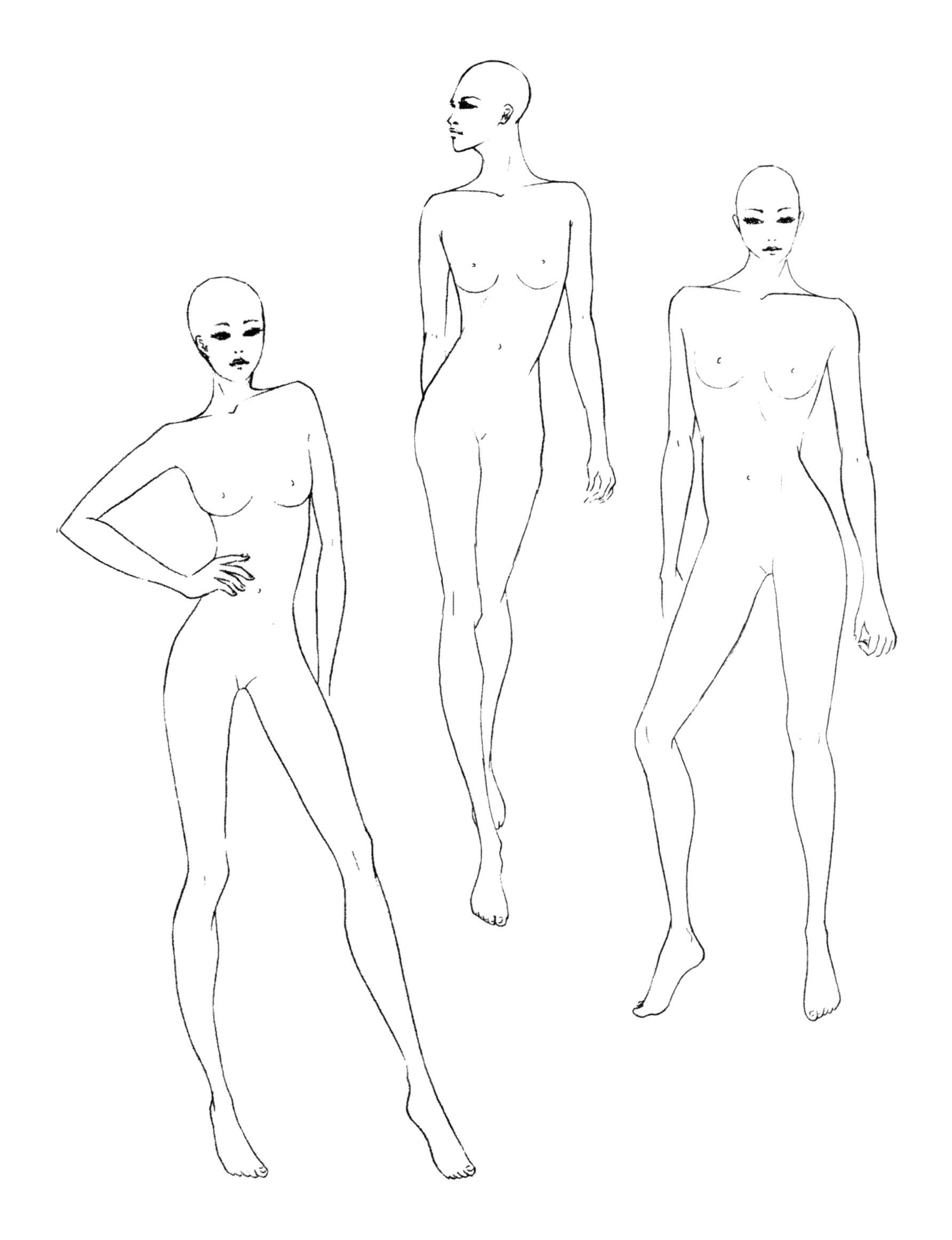

图2-17　女性人体动态3

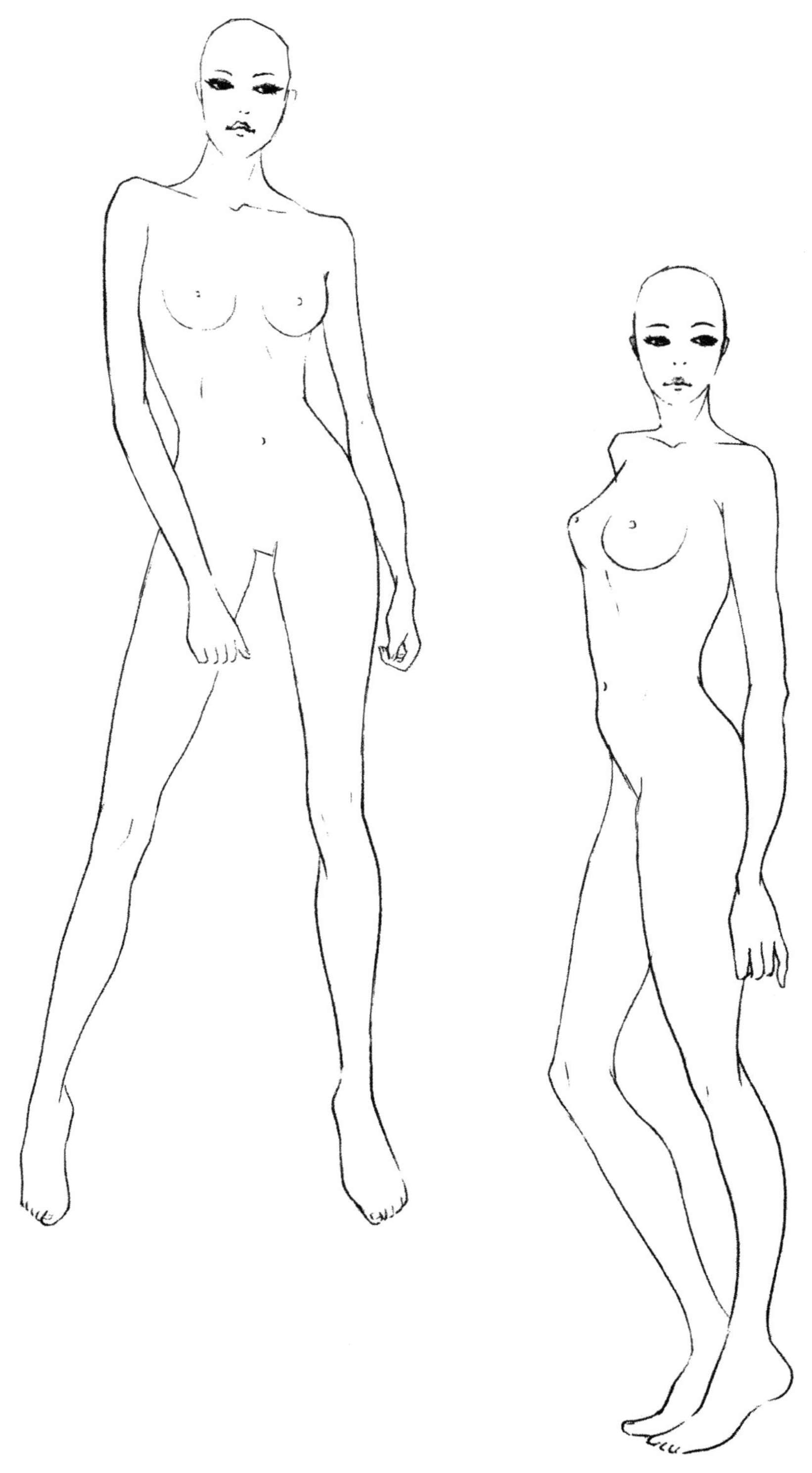

图2-18　女性人体动态4

二、男性人体动态（图2-19、图2-20）

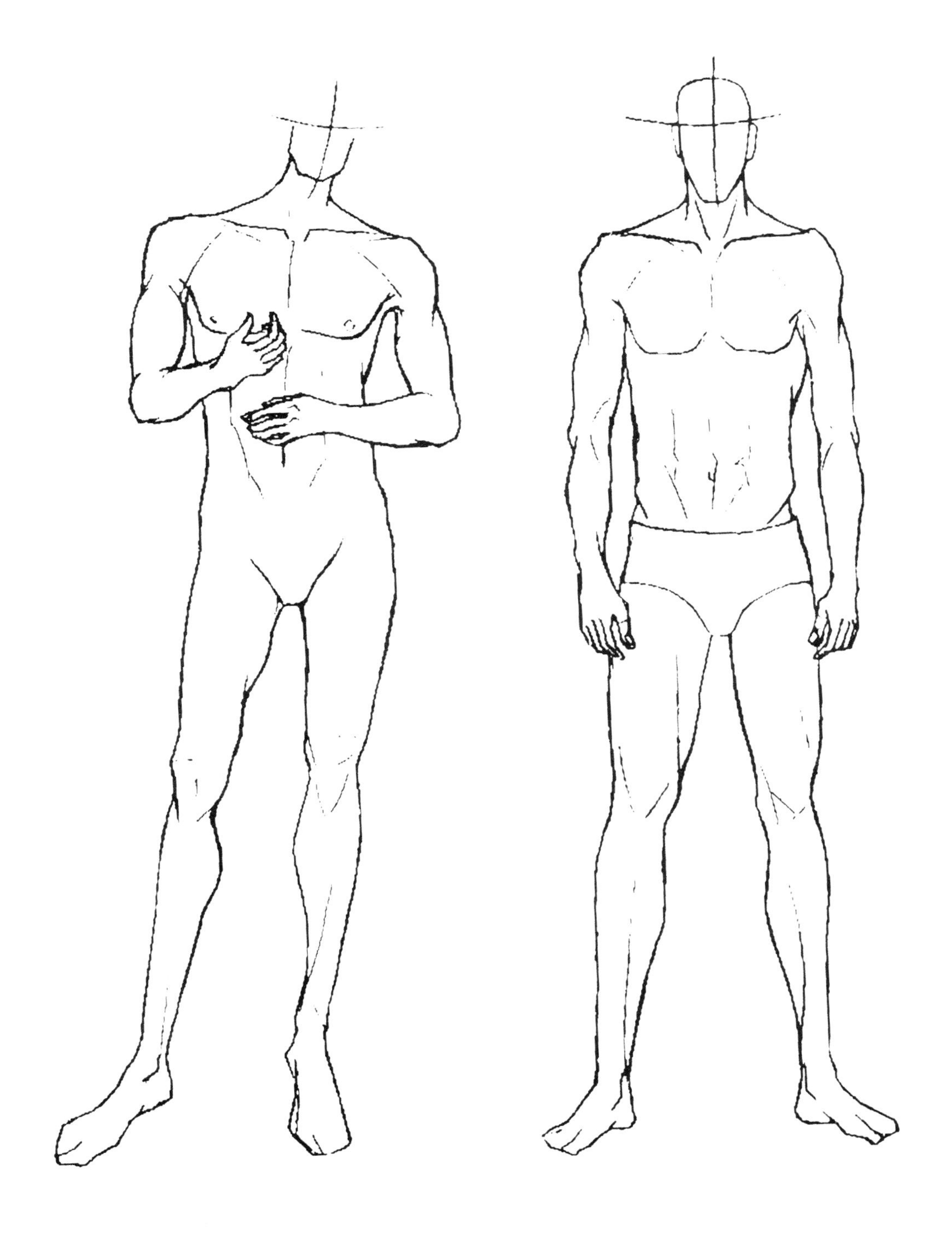

图2-19　男性人体动态1

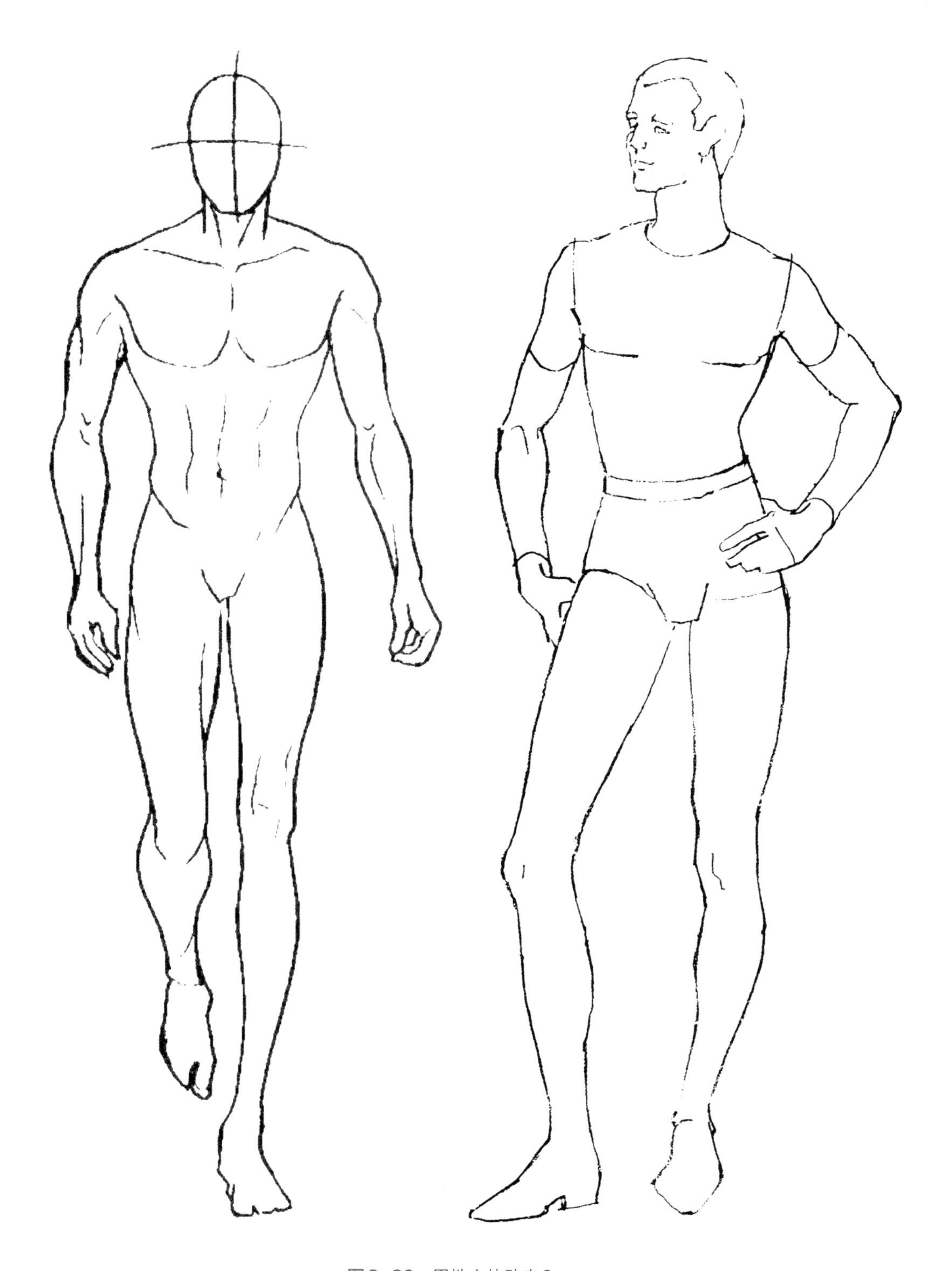

图2-20　男性人体动态2

第三章 Chapter Three 人体局部的表现技法

在服装效果图的表现中，人体局部的表达起着决定性的作用。这是因为服装效果图的表现一般对人体作概括提炼的处理，因此，把握人体局部中的关键部位的结构关系和运动规律至关重要。

第一节 面部五官及发型的画法

时装人体的面部表现的好坏，直接关系到整张效果图表现的成败。面部表现得好，才可以使整个服装效果图的使命完成圆满（图3-1）。

图3-1 头部和面部

一、眼睛的画法（图3-2）

在服装效果图中，独特风格往往是通过对眼睛的形态、人体动态的刻意夸张而得以表现的。

女性眼睛的画法步骤如图3-3所示。

（1）画出眉毛的轮廓线，注意斜角变化；画一条类似橄榄球的眼眶线于眉下适当位置。

（2）于眼睑线上下画斜向眼右角的眼皮线。于眼睑偏眼尾处画出睫毛；注意其长短、粗细之变化。

图3-2 眼睛的画法

（3）稍偏上方为眼心，画出两个同心圆；内圆为瞳孔，加黑（或其他颜色），留出两三个反光点。

（4）加深眼睑线，产生阴影，使其有深度感。

男性和女性的眼睛在表现上是有差异的，女性利用化妆工具使她们的眼睛显得更大；男性的眉毛较为粗黑浓重，眼也近于偏圆，常常皱着眉头，眯缝着眼睛调焦距，在笔触的运用上男性较女性更为粗犷、豪放。

眼睛是人的面部最需耗费笔墨表现的部位，而眼睛的表现最重要的是神情表达。眼睑的开、合、垂、扬，眉间的细微变化、高光及眼球转动的位置都是传神的要点所在（图3-4）。为了传神，眼部在刻画时要特别

图3-3 女性眼睛的画法

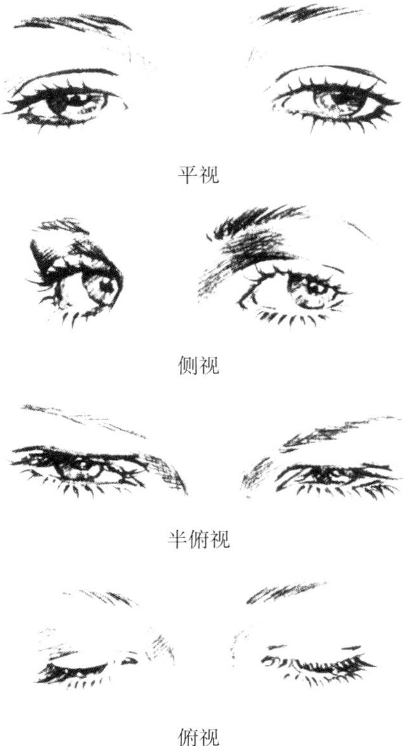

图3-4 眼睛表情的变化

注意防止平均、刻板地对待每一部分，应充分利用松紧、虚实、夸张和减弱等手段强化重点，省略次要部分和多余细节。眼部的化妆对各种不同的服装风格起到呼应和对比的作用，在服装画中可以结合整体服装风格、对象的气质予以恰当的表现。

图3-5　嘴的画法

二、嘴的画法（图3-5）

在服装效果图中，对人物嘴部的处理比较简单。一般多采用微笑的表情，给人带来愉快的印象。

刻画嘴部有几点须注意：嘴角之凹痕，需加深处理，效果才显著；最黑部为唇裂线，嘴角及中间部分尤宜加深；一般下唇比上唇厚；一般女性嘴不宜过宽，但上下唇较男性更为丰厚，男性趋向偏宽形，笔触上也不同。

三、耳、鼻的画法（图3-6）

耳、鼻在人的表情变化中，反映最为含蓄。

在服装画中能看到的实际上只是耳朵的一部分——外耳。一般女性耳部露出的机会不多，常被秀发遮掩，但也不能敷衍了事，稍不留意，也会破坏整个面部的和谐。

要注意，耳的正确位置在眼睫线与鼻底线之间的高度上。

图3-6　耳、鼻的画法

四、发型的画法

无论画哪一种类型的人，都要注意对头发的描绘，这也是整个服装画中的一个重要环节。要记住，无论头发是长是短、是直是弯，其根本是植于头皮上的。绘制发型主要是通过缕缕“发群”来表现各种不同的发型和发质的，它的表现直接影响着装效果。绘制发型的步骤如图3-7所示。

第一步，轻轻地画出头发的轮廓及想要的发型。

第二步，画出头发不规则的线条或其他结构特征。如图3-7所示，从头皮到发梢画一些特别的线条，分出

图3-7　不同发型的画法

发群，任何卷曲线条的发型都可以画，但不要把发梢画得杂乱无章。

第三步，画更多的细节。可以用颜色和空白（没有着色的地方）来表现高光（反射的光点）。留出空白，只把没有受到想象中光源照射的地方画黑，留下的空白，就是假定光源照射下的感光部分，这种技法给人以一种带有光泽的、健康的头发的视觉效果。

第二节　面部五官的位置

如图3-8所示是一个典型的时装面部造型，“三停”如图所示。“五眼”的意思是，两耳内侧的距离为五只眼睛长度的总和，本着服装效果图夸张的原则，眼睛的长度可以稍稍加长。

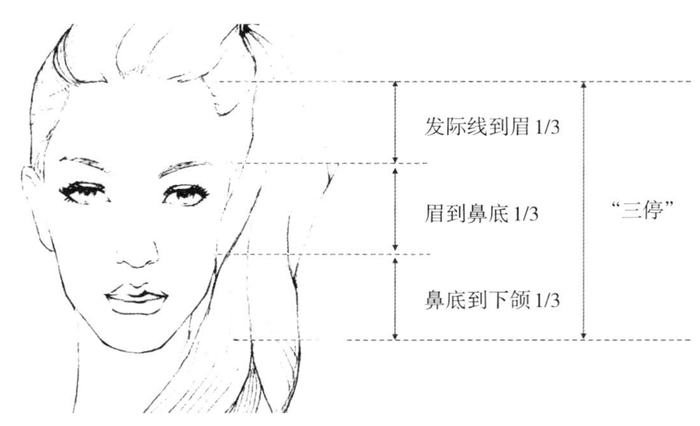

图3-8　“三停”与“五眼”

人物头像图如图3-9所示。

图3-9　人物头像图

第三节 手部的画法

服装画中女性的手部是纤细而优雅的，是在正常手形的基础上经过适度夸张而完成的，不要把手画得太小，给人一种缩手缩脚、小家子气的感觉（图3-10）。

图3-10 手的大小

一、手部的绘画步骤解析（图3-11）

第一步，轻轻地画出手势的基本形状。

第二步，加上最突出显露的手指（拇指和其他手指）。

第三步，绘制细节，并且加上不突出的手指。

第四步，调整细节。尺寸和基本形比复杂的解剖细节更为重要。

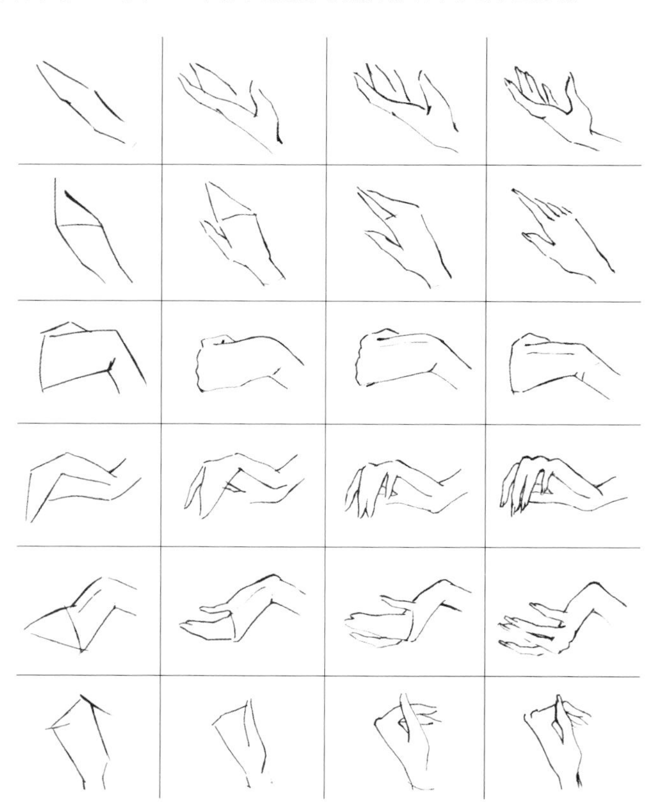

图3-11 手的绘画步骤

二、手部的各种姿态（图3-12）

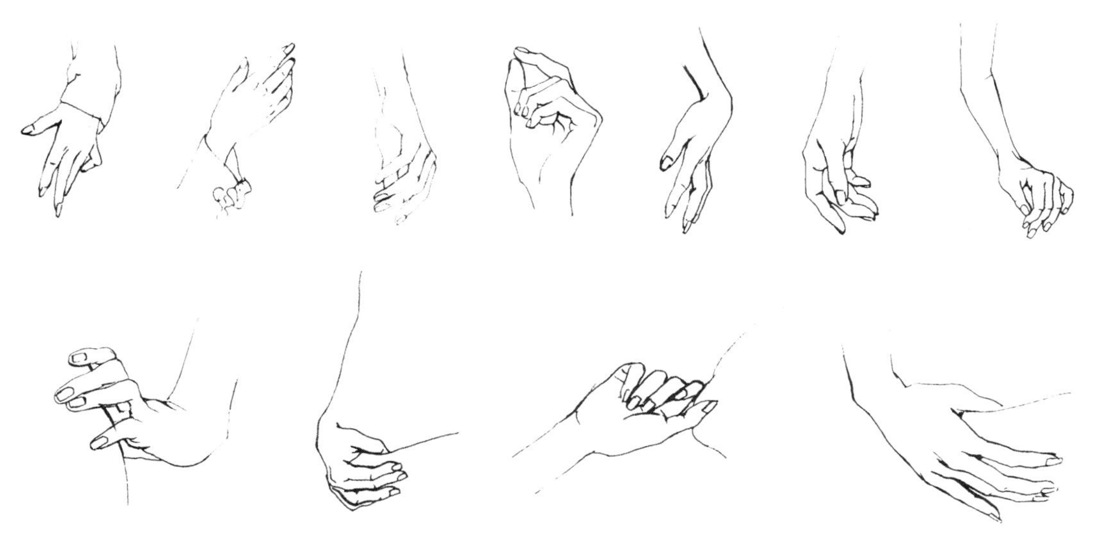

图3-12　手部的各种姿态

第四节　脚部与鞋靴的画法

绘制脚部时，在长度上必须稍加夸张，才能使模特显得修长。和手部一样，脚部的尺寸也接近头部的长度，高跟鞋是最易于表现女性身材美的装饰品，鞋跟越高，从正面和3/4面看腿部和脚部就越长，如果穿平底鞋或者稍息的站姿，从正面看则显得短而宽了。模特为正面和3/4面的姿势时，都要把远处的那只脚缩短一些，以显示空间的前后关系。女性服装画的脚部，应该是优美的，骨骼线条也应是柔和的。脚部的绘制步骤如图3-13所示。

图3-13　脚部的绘制步骤

各种鞋型图如图3-14所示。

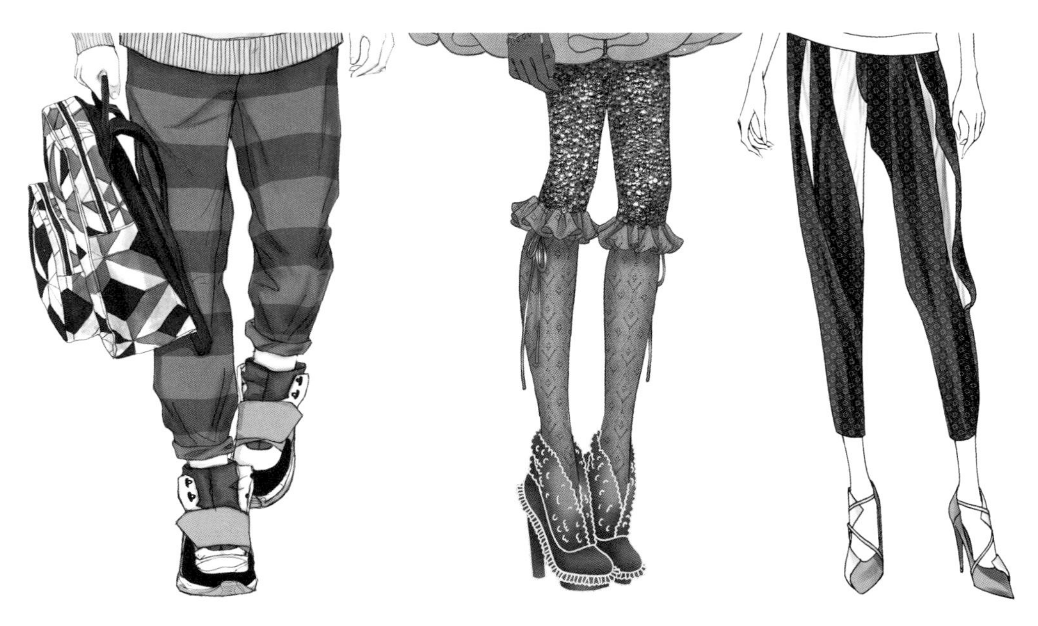

图3-14　鞋靴的画法

第四章
Chapter Four

服装画的表现技法

服装画由人体与服装两部分组成，在掌握人体动态的基础上，研究人体与服装的关系。本章从服装造型、人体着装步骤、服装衣纹与衣褶、服装面料质感等几个方面阐述服装着装表现的规律。

第一节 服装整体造型

服装整体造型是指服装外轮廓的造型，是服装被抽象化的整体造型。它是体现服装款式时尚流行变化最重要的特征之一，具有外形直观性与剪影般的外轮廓特征。因此，当构思服装画时要先从整体造型入手，把握服装的第一感觉，注意服装的比例协调关系、变化部位，结合适当的人体动态，最大限度地表现出完整的穿着形象。

服装的整体造型主要分为A型、V型、X型、T型、H型等，并且在基本型基础上变化又可衍生出O型、S型等更多富有情趣的外轮廓造型（图4-1）。

图4-1 服装整体造型

人体的姿态应该表现出服装的最佳造型点，应把焦点集中在一件服装区别于其他服装的独到之处上。如图4-2所示，画面上带阴影的草图表现了人体与服装相接触的位置、褶皱的部分及服装离开身体的部分，这样便可看出哪些姿势适合哪类服装。

图4-2　人体姿态的选择

第二节 人体着装表现绘画步骤

人体着装表现是在人体上表现各种服装款式和面料的穿着效果。着装表现是一个立体化的过程，重点在于处理好服装与人体的关系。人体着装表现应注意以下几点：人体选择、服装合体性、人体支撑点、衣纹与衣褶、服装结构、服装面料质感及线条描绘。人体着装表现是服装画效果表现的关键一环，它为服装人物形象表现增添了魅力并为后续的服装画彩色表达铺好了基石。

人体上半身着装表现绘画步骤如图4-3所示：

图4-3（a）中，首先选择好要画的服装款式。

图4-3（b）中，画好人体模型以后，分析一下人体动态，尤其要有一个中心意识，知道人物的中心位置，根据此中心位置来确定服装的前门襟的位置和形状。

图4-3（c）中，根据中心线画出服装的前门襟，注意透视变化表现在衣服的外轮廓型不同和左右不对称的变化。

图4-3（d）中，绘制衣袖。袖子的外轮廓在一侧贴体，一侧放松，这是由于重力作用导致的，另外因手臂弯曲所造成的衣褶，是我们要学会的。

人体下半身着装表现绘画步骤如图4-4所示。

图4-3 人体上半身着装表现绘画步骤

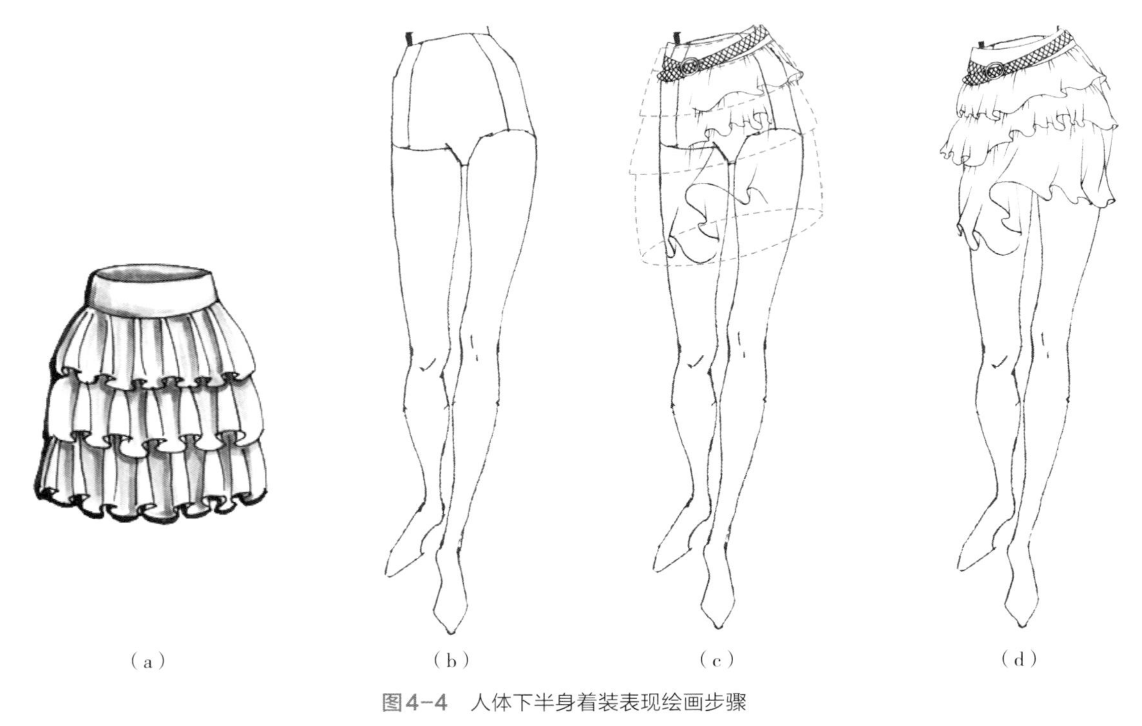

图4-4　人体下半身着装表现绘画步骤

图4-4（a）中，首先选择好要画的裙子款式，本处为塔式短裙。

图4-4（b）中，分析人体动态，特别是两条腿的前后关系。模特腰部左侧上提，右侧下降，左腿为承重腿在前面，呈现走路姿态。

图4-4（c）中，裙子穿在人体上必然也呈现左侧上提的圆柱体的形状，由于是走动的人体，并且左腿向前，所以会在左腿部位形成大的波浪褶皱。先把裙腰及中间体现动态的大波浪褶皱画出来。

图4-4（d）中，画出大的波浪褶皱后再画旁边的波浪褶，要形成前后空间感，这需要靠分析，也需要多练习才能体会出其中的细小差别。

第三节　人体着装的表现技法

一、紧身式服装在人体上的表现

首先绘制人体，再刻画人体细部，将紧身类服装画于人体之上时，应顺应人体动态。

1. 支撑点对衣纹的影响

该模特动态使得肩部、胯部成为穿着服装的支撑点（图4-5）。

第一步，确定肩部落点、领子朝向。

第二步，确定胸高点，然后顺胸高点及躯干画衣身的外轮廓。

第三步，根据服装款式及人体动态绘制出衣纹走向，衣纹的处理不宜过多。

第四步，确定胯骨突出点及膝盖支撑点，根据人体走向，贴合人体肌肉绘制出下身服装。

2. 连衣裙在人体上的表现

模特右肩上抬，面料受重力影响，自然产生下垂。腰部弯曲，使得腰部面料产生多余的纹路（图4-6）。

3. 姿态与支撑点对衣纹的影响

由于该紧身服装受腰围和胸围的影响，无法产生垂荡的纹路，而只能产生斜向拉伸的纹路（图4-7）。

（a）　（b）

图4-5　紧身式服装在人体上的表现1

（a）　（b）

图4-6　紧身式服装在人体上的表现2

（a）　（b）

图4-7　紧身式服装在人体上的表现3

二、合体式服装在人体上的表现

合体式服装不同于紧身式服装紧贴于人体，有一定的松度。在手臂、腰部、臀部及裤管形状上表现尤为明显。在绘制此类服装时，肩胯部为主要支撑点，应根据动态顺势而画。

1. 支撑点对衣纹的影响

如图4-8、图4-9所示，该模特的动态使得肩部、胸部、胯部成为穿着服装的支撑点。

2. 胯部姿态对衣纹的影响

腰部所产生的褶皱是由于上衣在腰部的扎系所造成的（图4-10）。

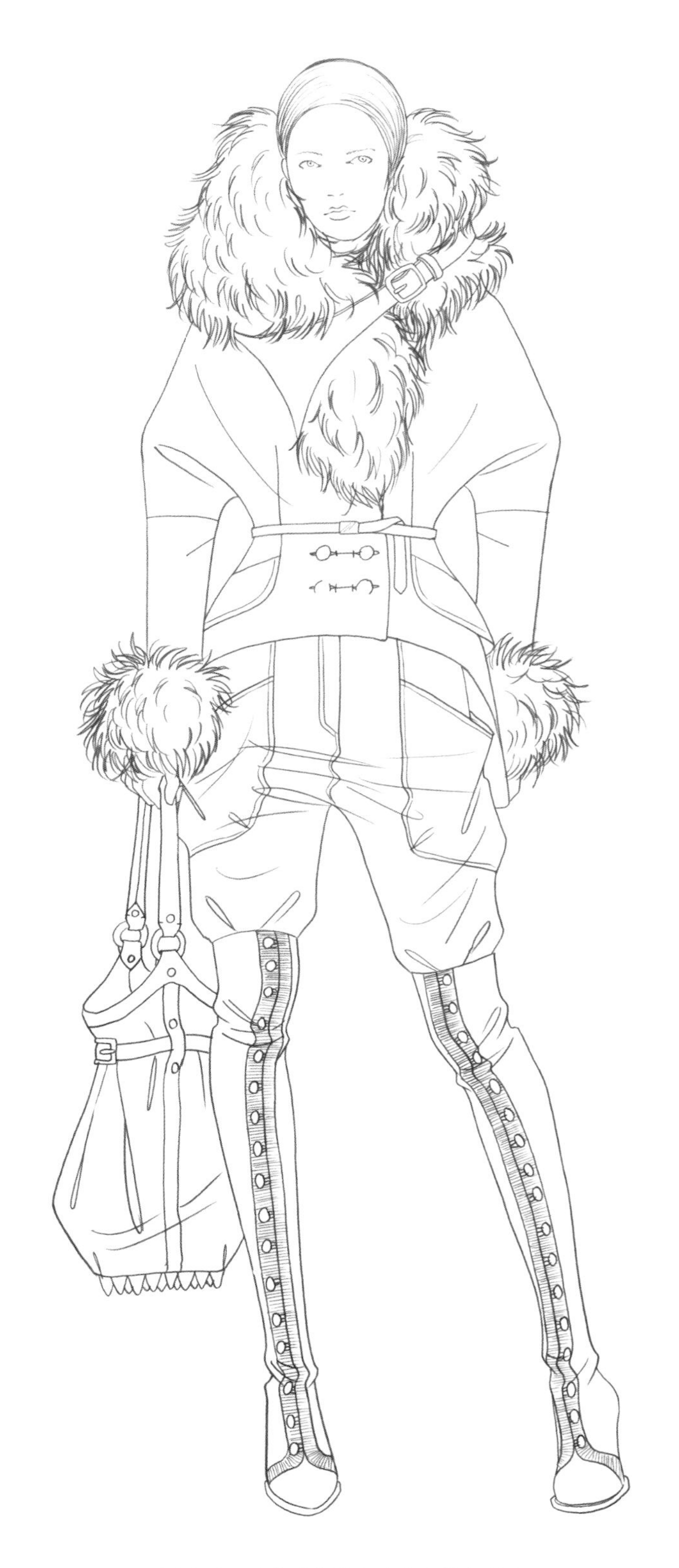

图4-8 合体式服装在人体上的表现1

图4-9　合体式服装在人体上的表现2

图4-10　合体式服装在人体上的表现3

三、宽松式服装在人体上的表现

1. 重力点对衣纹的影响

肩、胸、膝盖处成为穿着服装的重力点，其原理之前已经阐述过。图4-11中，肩成为本套服装的主要重力点。

图4-11 宽松式服装在人体上的表现1

2. 站姿对衣纹的影响

模特呈站姿，裤子自然下垂，使裤子产生更多余量纹路（图4-12）。

绘制裤装，要注意服装应符合人体动态，腰胯部仍为支撑点，造型根据服装款式而画。

宽松式服装中，经常会出现以波浪为元素的服装，绘制时应先确定张开的幅度，再确定波浪起伏的大小及节奏。

图4-12 宽松式服装在人体上的表现2

四、着装衣褶的画法（图4-13~图4-19）

人体的动态呈现出与服装的贴合关系，形成了自然且不固定的衣褶线条变化，同时由于服装款式的特点和面料的质地不同，所产生的褶纹也各不相同。为了更好地表现服装的着衣效果就要认真分析面料的褶纹特征及运动状态下服装与人体的关系。

衣褶线主要受到两个力的作用，一个是重力，另一个是人体本身的支撑力。在这两个力的作用下，衣纹大多产生于人体运动幅度较大的肘部、腰部、膝部关节处等部位，一般远离身体部位衣纹线多，贴身部位的衣纹线少。越是厚重的面料褶皱凸起的坡度就会越平滑，粗、松且短小，看起来越整齐；越薄的面料褶皱凸起的坡度就会越陡峭，细、飘且繁复。但是，无论服装为何种款式和面料，表现时都要考虑服装款式与人体的关系，确定大形和大的比例关系后，再细致描画衣纹线关系。这里特别要指出的是，要学会运用线型的变化，将不同面料的质感特征表达清楚，只有真正掌握用线条表现技法的环节，才能为差别化的着装表现奠定基础。

一般来讲，衣纹表现要符合衣纹的变化规律，懂得如何取舍、概括和提炼，以适当的衣纹线表现出着衣效果，避免出现混淆结构线的现象。衣纹线的表现宜少不宜多，要根据人体的运动状态与服装款式关系而定，应画得明确、肯定。通常将衣纹线归纳为拉纹、绞纹、挤纹、堆纹、垂纹、飘纹、张纹等类型。衣纹是表现服装面料质感的有效手段。挺括的面料衣褶干脆且硬朗，柔软的面料衣褶细小而圆润，轻薄的面料衣褶细长且流畅，厚重面料的衣褶粗厚且数量少。

图4-13　着装衣褶图1

图4-14　着装衣褶图2

图4-15　着装衣褶图3

图4-16　着装衣褶图4

图4-17　着装衣褶图5

图4-18 着装衣褶图6

图4-19 着装衣褶图7

五、线条的综合运用

线条是绘画的基本表现手段。线条具有独立的审美特征，线条的轻重、转折、顿挫、快慢等表现方式都呈现出极强的艺术感染力。服装画的线条表现整体概括、简洁清晰，应避免线条的堆砌。服装画以独具个性的线条形式语言集中表现服装的外轮廓形及内部结构、人物的动态、面料的质感肌理以及画面的整体风格为宗旨。在服装画里，常常采用以下几种线的表现形式（图4-20）。

图4-20　线条的综合运用

1. 均匀线（图4-21）

均匀线即线条的粗细相同。均匀线的特点是线条简洁单一、气韵流畅、结构清晰、挺拔有力。均匀线表现时要注意线条均匀、平滑，疏密得当，画较长的线条时，要一气呵成。均匀线通常适合表现服装的轮廓、服装的细节及轻薄而有韧性的质感面料，如雪纺等，使服装造型及画面效果更为直观明确，富有很强的装饰韵味。一般使用铅笔、钢笔、针管笔、毛笔等表现均匀线。

2. 粗细线（图4-22）

粗细线不同于均匀线，粗与细同时并存。粗细线特点是线条层次丰富，灵动多变，柔中带刚、刚中有柔。粗细线通过粗细均匀的线条对服装造型进行准确勾勒，在线条的虚实变化中表现了强烈的空间立体感，传递动感、愉悦的情调。粗细线一般适合表现厚重挺括或轻薄悬垂感好的服装面料，可采用毛笔、书法钢笔、水彩笔、马克笔等工具加以表现。在运笔时应控制手腕的力度，多用笔锋表现，不拖泥带水，做到粗中有细、细中有粗。

3. 不规则线

不规则线为借鉴与吸收中国传统艺术中的石刻、青铜器纹样、写意山水画等用线风格而形成的一种线条艺术。不规则线的特点是线条古拙苍劲、浑厚有力、肌理醇厚，它适合表现粗呢、针织及各种外观凹凸的服装效果。不规则线一般采用钢笔、毛笔、油画棒等工具加以表现，在运笔时可应用笔的侧锋，通过手腕的自然抖动形成不规则的线条效果。

图4-21　均匀线的运用

图4-22 粗细线的运用

4. 线条的综合表现（图4-23）

着装表现中的线条并不是一种单一的形式存在，它往往会以自身特性为主，通过利用点、面的结合，构造点线面的关系，综合体现服装穿着效果。线条的综合表现不仅生动地体现了服装的造型特征，还增添了整体画面的表现力和美感，产生强烈的视觉效果。

由此可见，着装表现中的线条形式或流畅、或凝重、或简洁、或杂乱，它是体现设计者对服装设计意图和内涵的理解，表现时应根据服装造型与面料质感的不同选择用线形式。线条的表现是服装画表现的基础，它没有严格的规定，但无论采用何种表现方式都离不开绘画者长期的摸索与实践，只有严格训练，通过大量的练习方能熟练掌握。

图4-23　线条的综合表现

第四节　服装配饰的表达

现代服装造型讲究整体搭配美，服装配饰由于其局部装饰作用的特性，作为服装设计的一部分，对于突出服装整体着装状态美的表现格外重要。除此之外，服装配饰也可作为独立的主体表现，成为展现服装设计风格的一种有效形式。

一、帽子的表现（图4-24）

帽子依据造型可分为有檐帽和无檐帽。在绘制帽子时要理解帽子造型与头部的关系，应首先画出头部的形状，然后再找准帽顶、帽身、帽檐等位置及款式特点，再对材质质感加以刻画，并体现出头部戴上帽子的立体效果。在刻画时还应表现由于帽子的戴法而产生的角度透视关系，帽子与面部、头发遮挡与贴合的空间关系，由于帽子的材质而产生的帽子与头部之间的层次厚度关系等。

图4-24　帽子的表现

二、围巾的表现（图4-25）

围巾通常呈现出包裹于头部、围绕颈部、散开披在肩上的状态，穿戴方式多种多样。围巾的描绘着重处理它与服装为一体的设计关系，在具体刻画时首先要画出头部或肩部的形态，然后再依照头部或肩部形态体现围巾缠绕的内外层状态，同时刻画出围巾的面料质感、花纹、造型等特点。

图4-25　围巾的表现

三、腰带的表现（图4-26）

腰带是一种束于腰间或身体上起固定衣服和装饰美化作用的服饰品。腰带的特点是种类与材质多样，风格多样、细部考究，如束腰带、草编带、雕花带等。腰带的绘制应首先突出腰带与人体的结合位置及系扎的方式，高低腰刻画分明，同时注意腰带轮廓线及透视关系，着重刻画腰带的材质、花纹、线迹、厚度等细部特征。

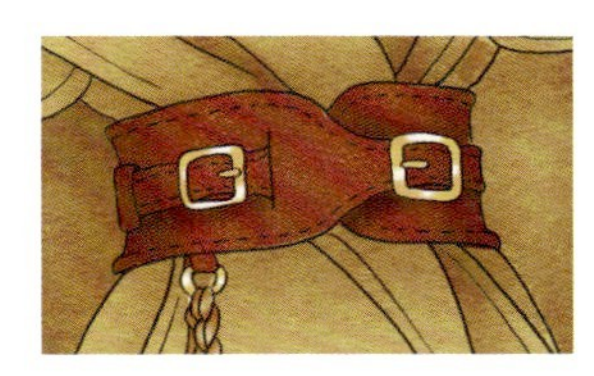
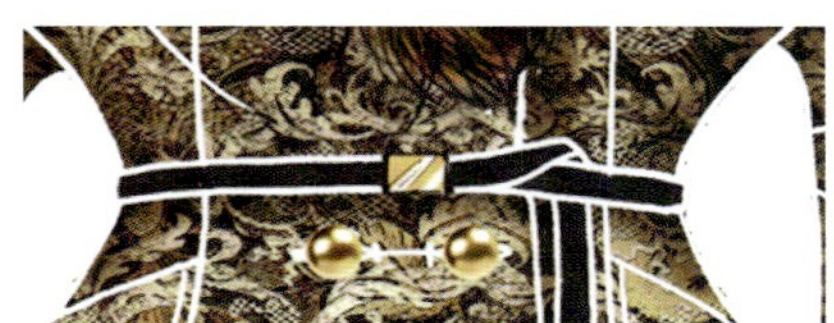
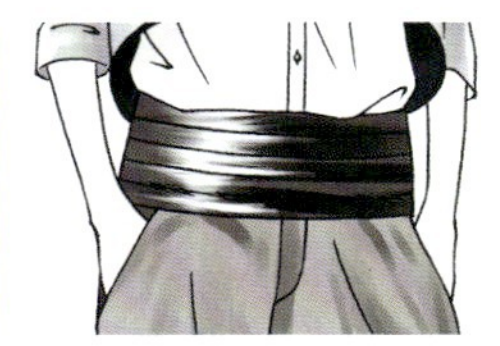

图4-26　腰带的表现

四、包袋的表现（图4-27）

包袋是服饰品中最常用的必备之物，尤为女性常用。包袋的特点是外形变化丰富，包扣、包带与装饰物等都比较细致。

图4-27　包袋的表现

五、眼镜的表现（图4-28）

眼镜的绘制应注意镜框的对称透视性以及镜片的厚度，镜片的光泽感往往也是表现的重点，可采用飞白法体现镜片的高光效果。

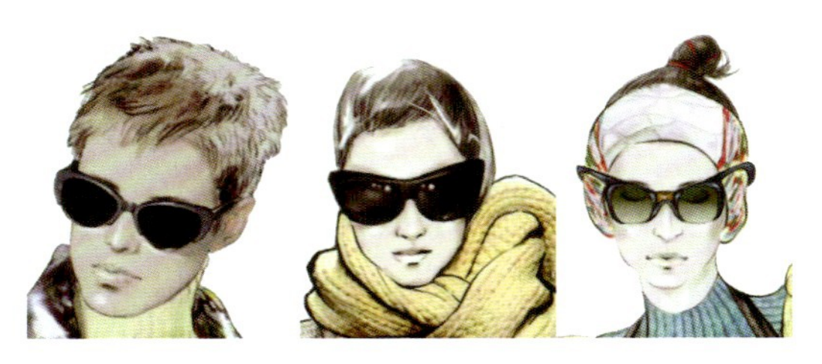

图4-28　眼镜的表现

六、首饰的表现（图4-29）

首饰是女性着装搭配中常见的装饰物品。首饰一般包括项链、耳饰、头饰、手链、戒指等，其材料有金属、木材、珠宝、塑料等。首饰在服装画中所占面积比例较小，却为服装的效果表现增添了动人的气质。一般首饰的表现可采用较为细致、块面的手法反映和衬托首饰设计的精良效果。对于某些高感光度的首饰饰品，可用飞白技法或用小刀刮割体现其高光。

图4-29　首饰的表现

七、鞋靴的表现（图4-30）

鞋靴的绘制应首先找准脚部的形状和动态，再把鞋的款式依附在脚形上具体描绘，无论正面、侧面、后面的鞋子造型，都应突显鞋靴的穿着透视关系。描绘鞋靴时还应注重鞋靴帮料与底料的面料肌理和装饰设计的表现。

图4-30　鞋靴的表现

第五节　如何将时装照片变成服装画

一、以秀场图片为模特案例（图4-31、图4-32）

1. 绘制人体动态

绘制服装画最重要的是先把模特的人体动态画好。在画人体时，必须努力将模特从头到脚的概念形象化地安排在画上，从头脑中思考一个暂定的形象用铅笔创造一个暂定的目标来描绘它。在刚开始对复杂人体不太了解的时候，不妨试着把人体各部分看成我们熟悉的形状，先把人体的主要结构变现出来。画出大致的人体结构的同时还要注意人物的重心及动态。运用重心平衡公式，为垂直比例画出一条垂直线，轻轻勾画出头部、颈部及锁骨的倾斜，画出放松的躯干中心线及臀部的倾斜。完成这些之后，一个人物动态就画好了。

利用一张令人喜爱的秀场图片做练习有许多益处，它已经把人体变成了时装构想，姿态已被夸张，多余的衣褶也已被删掉了，重要的衣褶和阴影很明显，重点细节也选好了，时装款式也是固定的。

2. 美化人体动态

在为人体添加肌肉之前，停下来构想一下。在把纸上的人体形象化、具体化之前，需要考虑如何把人物美化，如可以将人物的动态表现得更为夸张，体形更加婀娜，拉长人物腿部及手臂的长度，并人为收紧模特的腰部。当然，对人体进行艺术化的加工并不容易，因为每个人对美的感受度不同。这项工作除了可以用语言描述的技术性方面的工作外，还有一些只可意会、不可言传的感觉，只有通过大量的练习才有可能获得。

3. 绘制衣身细节

现在来画衣身上的细节：配饰、外套、T恤、裙子和结构线，根据宽松的上半身和紧身的下半身的外轮廓来完成整体造型。

4. 勾线

用针管笔来完成整幅作品的勾线。这样做一是使细节完善，二是还要用粗、细线来交替完成因光线造成的阴影和区分面料的材质。再加上面部五官和附件，用橡皮擦掉所有辅助结构线、较生硬的线以及草图痕迹。

耳饰及墨镜仅仅使用粗、细线结合的勾线方式已表达出立体感；用粗线表达外套的厚重感的同时，外套的用线比较直且方正，以表现外套的廓型比较挺括；包的刻画也表现出了立体感。通过裙子上小鸟形态的透视变化，表现裙子穿在人体上的体态。

5. 铺大色调

分析模特身上的大的色块。分析的结果是：模特身上最重的色调首先是耳饰及手拿包，其次是裙子，再次是外套，最后是T恤。

根据分析的结果铺大色调。将小的部位先留下，这样做的好处是，小的部位可以留做调节画面色调，如最后缺少亮色就补充亮色，反之就补充暗色。同时根据图片选择不同颜色的马克笔涂出需要上色的部位，虽然颜色根据图片来选，但是仍要注意选出的颜色既要对比鲜明也要彼此和谐处于同一画面而不显得突兀。

上色时，用笔要自如果断，局部注意留有空白，并恰到好处。

图4-31　Stella Jean品牌2014年米兰春夏时装周秀场图片

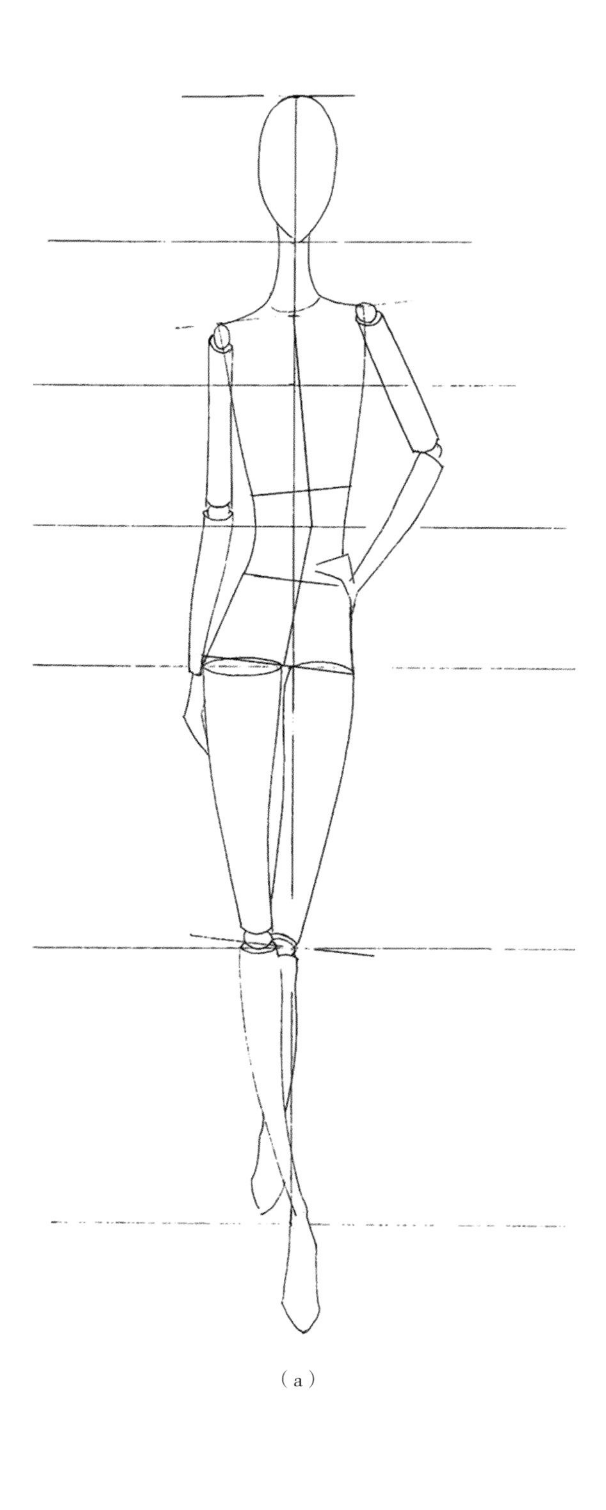

（a）

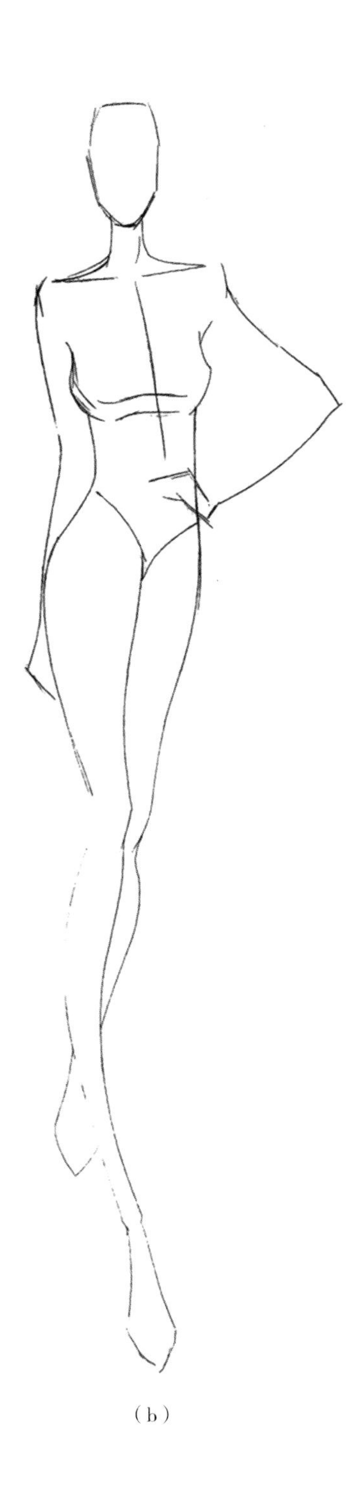

（b）

图4-32

（c）

（d）

（e）

（f）

图4-32

图4-32 服装画表现1

马克笔的最大特点就是能直接将设计者的构思快速表现出来。在画服装画时，大多采用水性马克笔。马克笔的运笔讲究力度，应尽量使用果敢的笔触，适当留白。水性马克笔颜色透明，笔触易衔接，但要考虑两个颜色的色相，且不宜过多重复涂抹，否则色彩易于混浊。

6. 深入刻画

铺完大的颜色色块后，选择比色块同色系但是深一度的颜色绘制画面的暗部。切记选择略深的颜色即可，否则会很突兀。暗部的形状应尽量画得活泼多样些，不要太死板。

7. 细部处理

首先选择与暗部颜色同色系但明度深很多的颜色来绘制阴影部分。注意阴影部分面积一定要小。然后用彩色铅笔补充细节，如人物头部、四肢及衣服的细节。

8. 完成图

继续使用彩色铅笔补充细节，另外可以用白色丙烯提亮亮部。

二、以秀场图片、广告大片为模特案例（图4-33、图4-34）

选择自己喜欢的时装秀场图片或广告大片做模特的好处有很多，如可以不去考虑服装的款式及配色，仅仅可以从练习技法的角度去表现时装。

1. 绘制人体动态

但是做这样的练习，很多时候是不可以直接按照图片来画的。因为摄影效果会使模特显得比理想中的服装画模特要矮、短、笨重，这样就要求我们将人体夸张为理想型。另外，想要把两张图片中的人画到同一个画面中，还需要考虑构图，因此人体动态就不可以按照原本

图4-33　Stella Jean品牌2014年米兰春夏时装周走秀图片与广告大片

图片中的人体动态来画，需要我们自己对画面进行布置。因此，我们使用了两个人体动态，保留了照片中的一个人体动态，改变了另一个人体动态为正面站立式，使画面中的两个模特能够组成组合，和谐地处于同一画面中。

2. 绘制服装

给模特画服装时要记住，任何衣服都是管状，除非只画两个目标定点（对于平面图来说）。你发现自己也是一个圆柱形的透视体，圆柱体的描绘可以表现出立体感，一个圆柱体的断面也和椭圆形一样，深度减小，这是领口、袖口、裤管的形状当由正面变为3/4侧面时所产生的微妙变化的原因。

当给人物画服装时还需考虑随人物动态不同，所产生的衣褶也是不同的，衣褶的分类有：缠裹型、折叠型、环绕型、紧压型、发散型、尖角型、悬垂型。要学会灵活的组织衣纹褶皱，这是画服装画的关键之一。学会组织褶皱之后，就可以使用同一人形而变化不同的服装，也就是给同一个模特穿不同的衣服，这是一些服装画家的常用做法。另外，还可以给同一模特换不同的发型，以配合服装造型的需要。

3. 上色

用深浅不同的两只马克笔分别绘制人物的头发、帽子和皮肤；用灰色做外套的底色与黄色相间，留出高光的位置。概括地绘制出裤子上的花纹，画好鞋子上大的明暗关系；给裤子的褶皱部分用暖色的马克笔加入阴影。上衣用比铺大色块略深些的同色系马克笔绘制条纹。将外套上灰色打底的部分用浅绿色覆盖，黄色条纹处画出暗部，外套里布浅灰色铺底，深蓝画条纹。短裤上将蓝色铺满。衬衫上选择比原本画条纹深一些的绿色，画出暗部，丰富画面。

4. 补充细节

继续选择深色绘制阴影部分，同时补充亮部的细节，把颜色铺满整个画面，再用Photoshop软件处理画面效果。

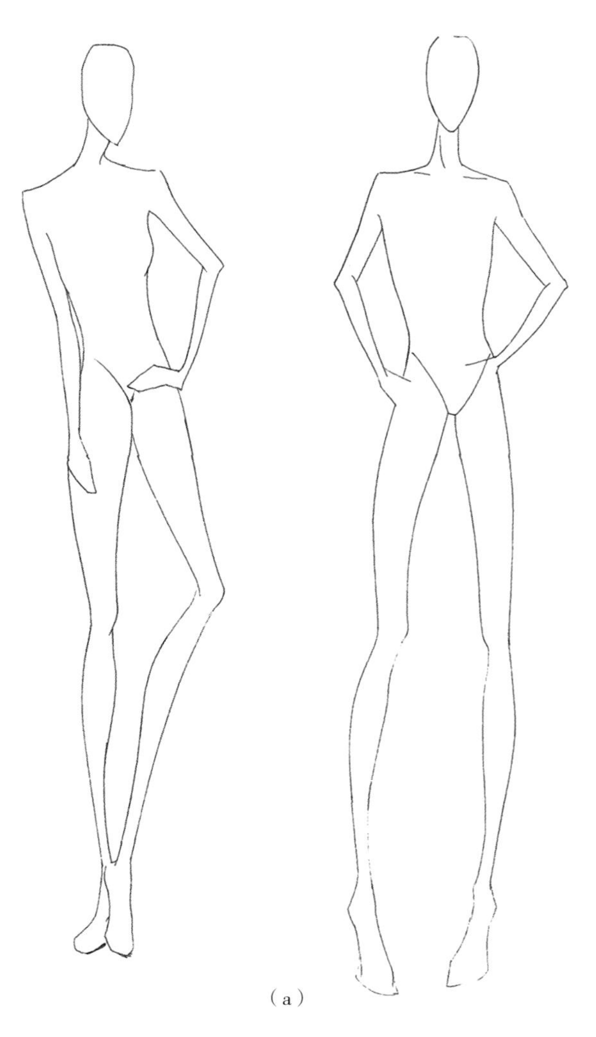

（a）

（b）

图4-34

（c）

（d）

图4-34

(e)

图4-34 服装画表现2

第五章
Chapter Five

单纯性表现技法

服装画的基本技法是根据绘画工具种类来划分的。各种工具的特性形成了技法的风格。作为优秀的时装设计者，应广泛了解各种技法的特点，并尝试用多种技法去表现。

第一节 针管笔表现技法

线是服装画造型中的重要基础。针管笔是重要的画线工具，画线时用笔的轻重程度不一、或方或圆，都会产生迥异的勾线效果。在服装画中可以借鉴中国画的用线方法来表现面料的质感、衣纹或褶皱（图5-1～图5-4）。

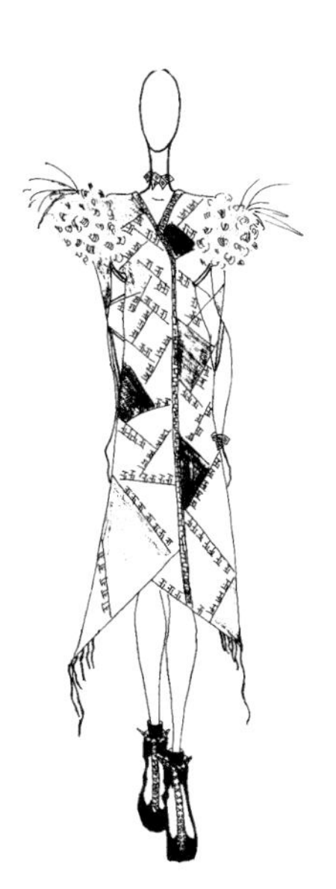

图5-1 针管笔表现技法1（作者：闫慧）

针管笔常用于表现以下三种线条。

匀线：匀线一般是指细线。它的特点是线迹均匀、流畅细腻，多用于形式美的装饰。

粗线：粗线的特点是浑厚有力、粗犷豪放，可用于整体暗部的塑造。

粗细线：粗细线集匀线、粗线的特点为一体，线条的变化赋予人物以生动、鲜活的感觉。

图5-2　针管笔表现技法2

图5-3　针管笔表现技法3

图5-4　针管笔表现技法4（作者：王艺群）

第二节　毛笔表现技法

毛笔可以算是表现力最丰富的画笔之一，只是因为现代人不经常接触这种绘画工具，所以使用的人越来越少。毛笔的笔头大小不同、笔毫材质不同，使用时干湿浓淡的变化，加上运笔的丰富技巧，都可以产生千变万化的表现效果。使用时，根据表现的材质、风格和纸张不同，可以选用软硬、粗细不同的笔型。一般来说，毛笔的使用控制线型难度较大，但经过充分练习后，毛笔的变化自如、流畅秀美的特点就会显现出来（图5-5）。

图5-5　毛笔表现技法（作者：佚名）

第三节　彩色铅笔表现技法

彩色铅笔无须调色，使用便捷。彩色铅笔技法主要是排线上色，上色时应注重同时结合几种颜色，使之交互重叠，多色、变化的笔触可达到多层次的混色效果，这样色调既统一又和谐，变化多端、丰富多彩。绘画时切忌一支笔画到底，色彩过于单调。彩色铅笔的笔触细腻，十分适合人物面部的刻画和表现化妆效果。但由于铅笔工具的特点及局限，厚重感略显不足，不适宜表现浓重的色彩。彩色铅笔也可以与其他工具结合使用，如彩色铅笔加马克笔、彩色铅笔加水彩等。彩色铅笔表现技法一般适合表现朦胧的色调、飘逸的面料和写实风格的效果（图5-6、图5-7）。

图5-6　彩色铅笔表现技法1（作者：杨溢蓬）

图5-7　彩色铅笔表现技法2（作者：鲍晶）

第四节　淡彩表现技法

淡彩表现技法在服装画中极为常见。典型的淡彩表现技法，色调淡雅，其色调保持了水彩透明的特点，但比水彩浅淡，因而勾勒线条在淡彩表现技法中是不可或缺的，一般使用黑色勾线（图5-8）。

淡彩表现技法画法轻松、笔法简洁，给人以明快、流畅的感觉，适合于表现质地轻薄、柔软的服装。

图5-8　淡彩表现技法

第五节　水粉表现技法

水粉画兼有油画与水彩画之长，有厚画法、薄画法之分。厚画法即调色时少加水分，色彩较厚，厚涂如油画一般厚重，适合干扫、揉、擦等技法，结合生动的笔触，一般用来表现厚重、粗糙的服装质感。但涂抹覆盖层次过多，也会破坏色彩效果。薄画法即调色时多加水分，色彩较薄，犹如水彩一般淋漓。水粉表现技法能细致入微地刻画人物、再现服装面料的真实质感，形成较强的写实风格，同时也适用于平涂，强调装饰风格的表现。

平涂水粉时要注意：

第一点，水分的控制，调色时水分一定要适中，水分太多，颜色易深浅浓淡不均；水分太少，色彩过于干燥，会出现枯笔现象。水分控制不好，是很难做到色彩均匀的。第二点，用笔的方向，运笔力度要均匀，每次方向要一致，这样才能色彩均匀，给人以平面化的装饰美感。但水粉平涂往往流于呆板，在服装画中可以通过动感的人物姿态、服饰图案的变化来丰富画面。

水粉表现技法（图5-9）在服装画中应用十分广泛。

（a）　（b）　（c）

图5-9　水粉技法表现的效果图

如图5-10所示，这幅作品的技法采用水粉厚画法，色彩浓厚，变化微妙，衣纹概括得体，笔触生动，整幅画面犹如油画一般，整体效果十分大气。

图5-10　水粉厚画法（作者：佚名）

如图5-11所示，利用水粉的覆盖性，将人物及服装分成不同形状的色块来填充，不同纯度、明度的水粉色块的运用非常生动，使整幅画面十分丰富。

图5-11　水粉色块平涂画法（作者：佚名）

第六节　马克笔表现技法

马克笔最大的特点是能直接将设计者的构思快速地表现出来。在画服装画时，大多采用水性马克笔。马克笔的运笔讲究力度，应尽量使用果断的笔触，适当留有空白。马克笔表现技法的风格豪放、帅气，适宜表现皮革类服装服饰。它颜色透明，笔触易于衔接，但要考虑两个颜色的色相，并以涂压线。不宜反复涂抹，涂抹会导致色彩混浊。马克笔的使用方法主要有以下几种:

1. 平涂

平涂需以利落的线条并排，线条尽量不重叠。（图5-12）

（a）　（b）　（c）

图5-12　平涂画法

2. 笔触

马克笔的笔触与笔触间留出空白，表现轻薄、光滑的面料时用笔要轻快，表现厚重面料时用笔要晦涩（图5-13）。

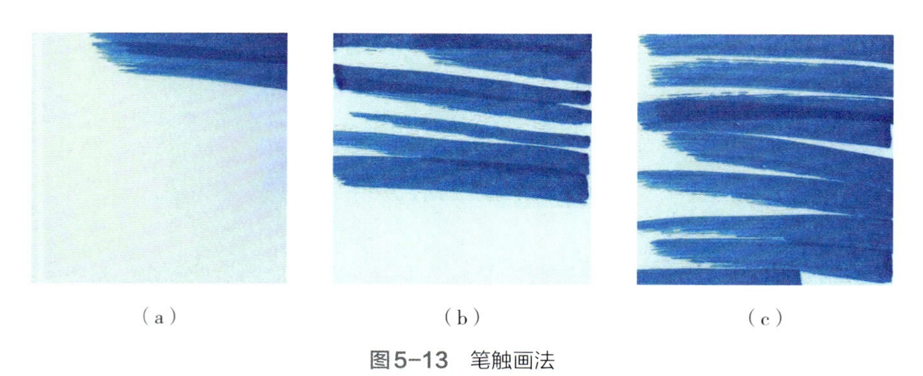

（a）　（b）　（c）

图5-13　笔触画法

3. 叠色

马克笔分同色叠色和异色叠色。同色叠色的遍数越多，颜色越深。异色叠色往往会形成新的颜色（图5-14）。

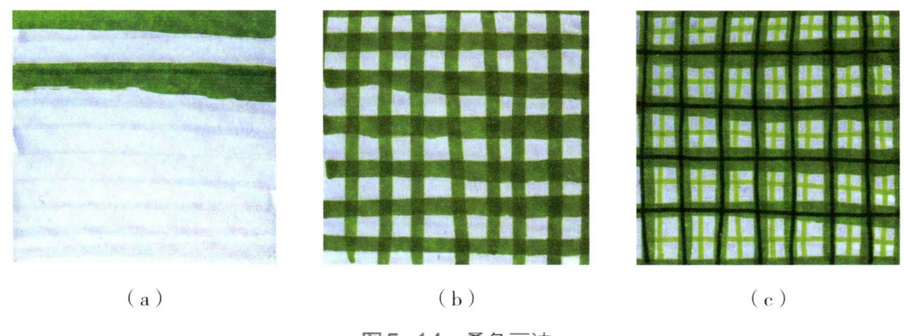

（a）　（b）　（c）

图5-14　叠色画法

4. 勾线

马克笔在勾线方面独具优势。尤其是尖头马克笔，既能画出流畅的线条，又能完成比较细致的勾线（图5-15）。

（a）　（b）　（c）

图5-15　勾线画法

5. 马克笔与彩色铅笔的混合使用

在马克笔的底色上使用彩色铅笔，可以塑造特殊的面料质感（图5-16）。

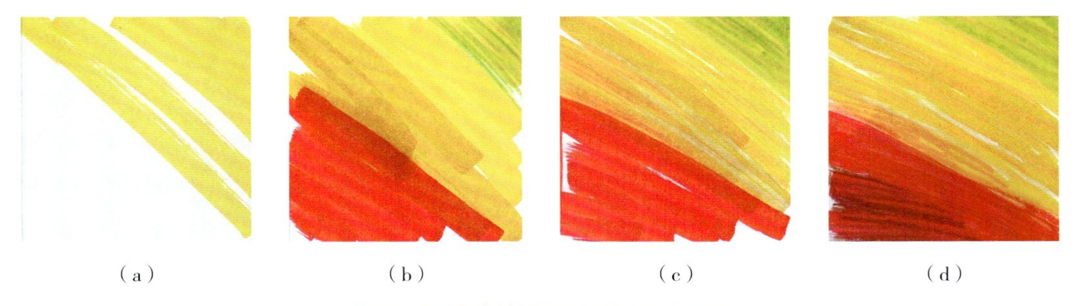

（a）　（b）　（c）　（d）

图5-16　马克笔与彩色铅笔的混合使用

6. 马克笔与水彩的混合使用

马克笔与水彩混合使用可以使颜色与颜色间的衔接更加自然（图5-17）。

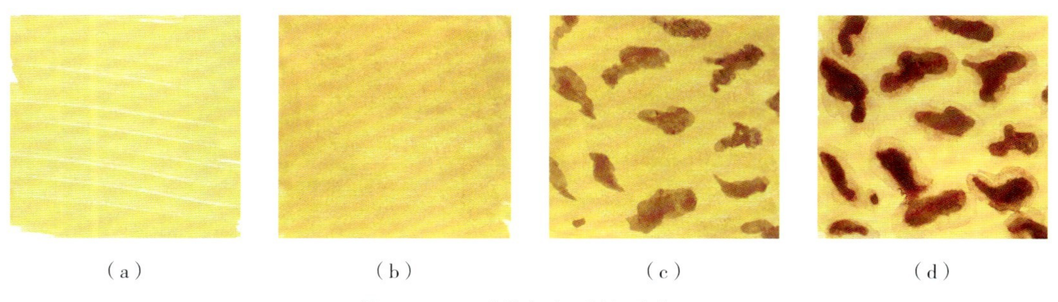

图5-17 马克笔与水彩的混合使用

除以上几种形式外，马克笔的综合表现技法如图5-18、图5-19所示。

图5-18 马克笔综合表现技法1

图5-19　马克笔综合表现技法2（作者：杨溢蓬）

第六章 Chapter Six 综合性表现技法

在同一幅作品中，集多种工具的优势和多种表现手法为一体体现时装及画面的总体效果，称为综合性表现技法。使用综合性表现技法的前提是熟练掌握各种绘画技巧，并根据设计意图将其有机地组合在同一画面中，使时装、服饰的效果表现得更为精彩。

第一节 有色纸表现技法

有时为了统一画面的色调，可采用有色纸作画。利用水彩色的透明性，借助纸的底色统一调子，使画面色彩统一协调、沉着雅致，这也是水彩画统一画面色调最为简易有效的方法，如灰色调可选用淡灰纸，暗调子可选用茶褐色纸，冷调子可选用粉蓝色纸。总之，要根据对象来选择用纸。当然也可在白纸上先染上一种颜色，可全部染，也可局部染。在这种染纸上着色，要等底色干透再画。另外需注意的是，在色纸和染纸上作画，着色时力求透明，并要考虑到所使用的颜色与底色结合后的效果，不宜多次涂绘，以免灰暗或失去底色的作用。

有色纸表现技法步骤如图6-1、图6-2所示。

图6-1，用针管笔把人物及服装、动态画出，着重画出头发的层次；借助灰色纸的底色画出裘皮服装的暗部；画出衣领位置毛皮的暗部，注意要自上而下运笔画出毛皮的感觉；深入刻画各个位置的细节。

图6-2，打出底稿，构思整幅画面；先用马克笔以笔触发画出头发暗部和发丝的走向；再以彩铅画出发丝的感觉，用针管笔和金粉将配饰画好，将皮肤的亮部用白粉提亮，皮肤的暗部用马克笔画出；用针管笔将衣服上的花纹及配饰画出，注意衣服上的花纹要组织得松弛有度、疏密结合，符合形式美感；将配饰部分以马克笔和金粉画出，衣服上的花纹用黄色及

褐色等黄褐色系的马克笔平铺，注重画面的整体性和节奏感；以白粉提亮的方式画出裙子，刻画画面细节，最后以撒盐的方法绘制出人物背景的斑驳质感。

（a）（b）（c）（d）

图6-1　有色纸表现技法1

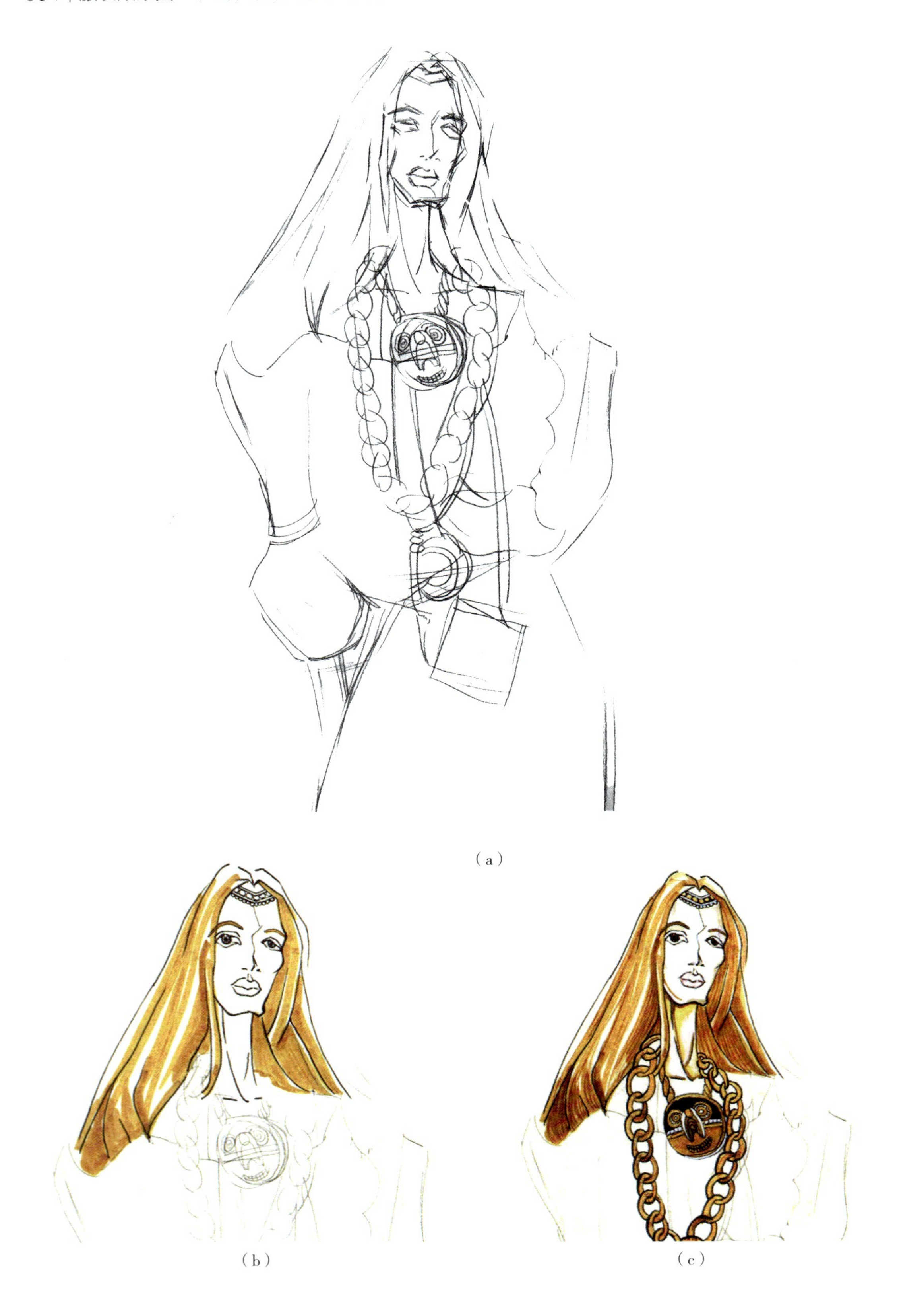

（a）

（b）

（c）

（d）

（e）

图6-2

（f）

图6-2　有色纸表现技法2

图6-3中，作者在红色纸上绘画，由于这张纸不容易着色，所以以彩铅为工具采用素描技法着重绘制了人物的头部，对人物表情、面部体积感和耳饰的绘制非常到位。

图6-3　有色纸表现技法3

第二节 多种表现技法

除有色纸表现技法外，还有平涂法、晕染法、笔触法、剪贴法、拓印法、刮割法、阻染法等多种表现技法。

一、平涂法（图6-4）

平涂法是常用的服装画技法之一，它采用每块颜色均匀平涂的方法，多采用具有一定覆盖力的水粉或马克笔。平涂法有两种：勾线平涂、无线平涂（亦称为没骨平涂）。

图6-4 平涂法作品

图6-5 晕染法作品1（作者：杨溢蓬）

二、晕染法

晕染法是从中国工笔画技法中而来的一种服装画技法。采用两支毛笔交替进行，一支敷色，一支蘸清水，由深至浅均匀染色。这种技法可以用于服装画中的人物、有光泽或薄的面料等（图6-5）。

如图6-6所示，作者在绘制这幅画时，使用了多种渲染技法，整幅画具有一种无法言喻的意境之美。作者对线的运用也非常娴熟，画面中人物的表情生动，眼神到位，是一幅不错的服装画作品。

图6-6 晕染法作品2

三、笔触法

笔触不被覆盖，笔法变化多样，有点有线，增强塑造性和画面的生动性（图6-7~图6-9）。

如图6-7所示，作者仅用黑色签字笔完成画面的主体部分，整幅画面中黑色签字笔的笔触或是块面、或是线迹、或是点，充分显示了作者的绘画表现力。

图6-7　笔触法作品1（作者：闫慧）

如图6-8所示，作者以马克笔的笔触法表现了一个穿着民族感服装的人。画面生动形象的原因：一是人物比例及动态准确；二是色彩搭配得当。

图6-8　笔触法作品2

如图6-9所示，作者使用马克笔采用笔触法刻画的这个人物，寥寥几笔，人物便生动地跃然纸上，这就是笔触法的魅力所在。

图6-9　笔触法作品3（作者：王雪晴）

四、剪贴法

剪贴法是以面料、报刊、色纸等可用于剪辑、拼贴的材料，按画面需要进行拼接、粘贴的一种服装画技法。它可用作间接预视面料运用的整体效果。在时装广告、时装潮流预测等形式中，常用此法（图6-10~图6-12）。

如图6-10所示，作者用四种不同花色的面料贴出了图中的人物造型，人物造型比较夸张，又在贴的面料上进行绘画，画出了人物的五官，还用了黑色的缝纫线做装饰。由于画中主题比较靠右，左侧特地安排了黑色的线团，平衡人们的视觉感受。

图6-10　剪贴法作品1

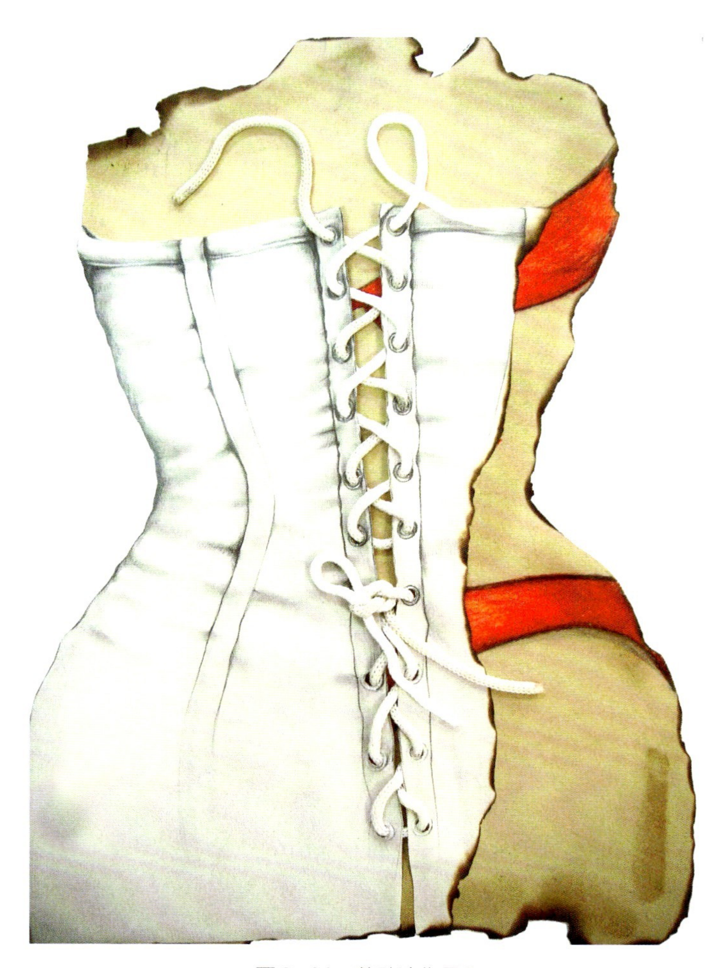

图6-11 剪贴法作品2

如图6-11所示，作者仅仅表现了一个人物的后背及臀部。采用了一个比较漂亮的X形，边缘以火烧做了处理，紧身胸衣以铅笔素描的形式描绘，细带以真实事物拼贴组成画面。虽然整体画面比较简单，但是艺术感染力比较强。

如图6-12所示，作者仅仅精心描绘了一个人物的头部，人物的身体是以填充了填充物的布包以方块的形式拼贴而成的，人物颈部的装饰是以蓝色小圆珠拼贴而成，头发与人体中间小部分的空缺之处以白色卫生纸及白色圆珠拼贴而成。身体的简化处理与面部的写实处理形成了一个对比。

五、拓印法

拓印法是将棉花、海绵、布等材料形成一定的形状，敷上颜料之后，作于画中，可形成一定的肌理效果。亦可用纸或塑料等材料制成某种所需形状，再用拓印法形成特殊肌理效果（图6-13）。

图6-12　剪贴法作品3（作者：张慧）

图6-13　拓印法作品（作者：闫慧）

如图6-13所示，人物的背景部分是以卫生纸蘸颜色印上去的，还有一部分是使用的印章。多样化塑造背景的手段，使得背景层次变化丰富，烘托人物主体。

六、刮割法

刮割法是利用某种硬物、尖状物或刀状物，刮割画面，使画面产生一种特殊效果的方法。如对裘皮的处理或表现时，常常采用尖状物，沿裘皮纹理适当刮划，能表现出裘皮的蓬松、真实感。由于刮割法对纸张有损害，运用此法时，需考虑刮割的深度与纸张的质地与厚度，避免划破纸张。

刮割法只是用于在白卡纸上进行，颜色刮掉后露出白色的纸张，特别适宜表现裘皮质感。如图6-14所示，作者采用刮割法将人物上半身的绿色裘皮上衣的质感表现得很到位。

图6-14　刮割法作品

七、阻染法

阻染法是利用颜料中油性颜料（油画棒、蜡笔、油性马克笔等）与水性颜料（水粉色、水彩色、水性铅笔等）相互不融的特性，以一种颜料作纹理，另一种颜料附着其上，由此产生两种颜料的分离。此法多用于深底浅色面料的处理，如蓝印花布、蜡染面料以及镂空面料等（图6-15）。

图6-15　阻染法作品

第七章
Chapter Seven

服装质感与图案的表现技法

面料是服装的载体，服装设计是通过面料这一物质媒介来体现的。为了使观者明确知晓设计者所选用的面料品种，在效果图中形象、逼真地再现面料的质感就显得尤为重要了。要想真实地表现面料的质感，了解面料的特点是首要的，也是十分必要的。只有这样，才能使自己的设计理念得到最充分的诠释。

第一节　面料质感的表现技法

一、针织面料

面料特点：伸缩性强，质地柔软，吸水及透气性能好。

适用于男女、儿童各式毛衣。

注意：针织物的结构明显区别于机织物，其纹路组织更为明显，可在织纹和图案上下功夫，使其产生立体的效果，如常见的“马尾辫”、“18字花”等。

针织面料“马尾辫”的画法如图7-1所示。淡彩渲染，以铅笔勾勒出每一处纵向纹理；

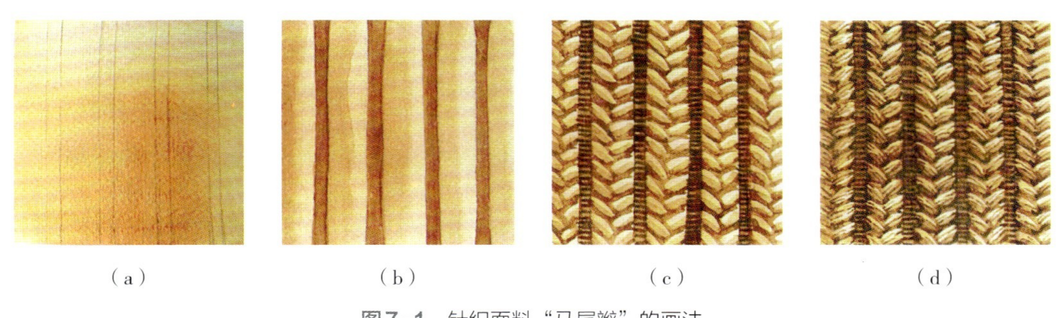

（a）　（b）　（c）　（d）

图7-1　针织面料“马尾辫”的画法

填充织物条纹，用浅色画出明暗关系；以交叉用线的笔法模拟马尾辫花纹，并绘出暗部，以突出体积感；用细笔仔细勾勒出马尾辫的细节肌理。

针织面料“8字花”的画法以及在服装上的表现如图7-2、图7-3所示。

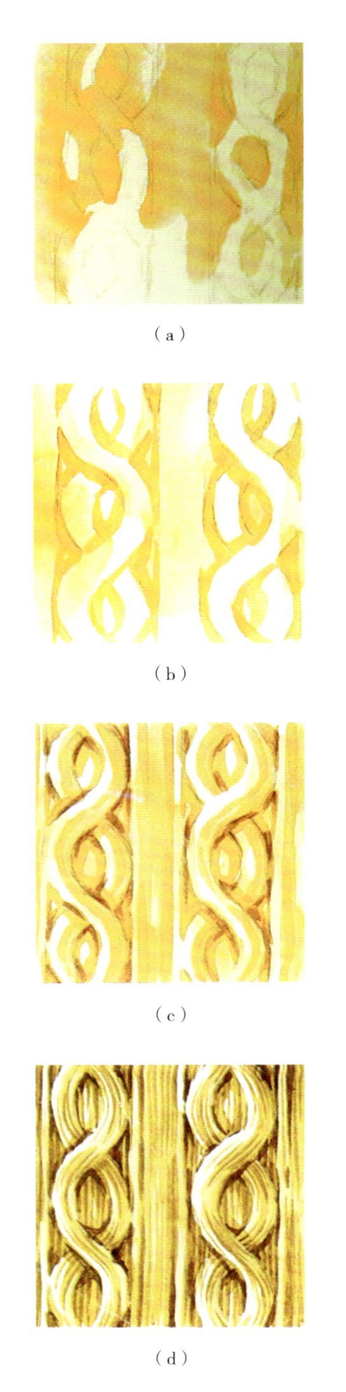

（a）

（b）

（c）

（d）

图7-2 针织面料“8字花”的画法

图7-3 针织面料“8字花”在服装上的表现

用铅笔勾勒“8字花”纹理，铺底色；沿花纹边缘晕出阴影部分；绘“8字花”的明暗关系，强调织物凹凸感；用细线勾勒出“8字花”的细节肌理。

二、毛呢面料

1. 方格呢

面料特点：厚实，手感舒适，纹样秩序感强，给人以温暖感。

用途广泛，从春秋装小外套到冬装大衣，从裙装到套装均可运用。

方格呢面料的画法以及在服装上的表现如图7-4、图7-5所示。

画出方格，并相错填充颜色；依顺序填充另一种颜色；错落有致地填充第三种颜色，并用不同色系的颜色在各色格子中画斜线，以表现织物的质感；用断续线画出相交的十字线。

2. 粗花呢

面料特点：外观粗糙，质地粗厚，色彩沉稳，收光，有杂色、混色效果。

注意：也可用油画棒表现粗花呢凹凸不平的质感，再用水彩晕染。适用于男女大衣、套装、秋冬服装等。

粗花呢面料的画法及在服装上的应用如图7-6、图7-7所示。

铺底色并加以渲染；用马克笔的笔尖轻轻画出不均匀点状，以表现粗花呢粗糙的质感；用彩铅继续塑造粗糙质感；用深色继续塑造粗糙质感。

三、皮革面料

面料特点：常见为羊皮、牛皮，表面光滑、细腻、柔软而富有弹性。猪皮皮质粗犷，但弹性较差。

注意：水性马克笔的爽滑及透明的特性很适宜表现皮革。可单独使用于大胆前卫的服装设计中，也可与皮草类搭配。

皮革面料的画法如图7-8、图7-9所示。

用深色画出暗部，边缘部晕染自然，使边界模糊；进一步用黑色渲染，整理褶皱的走向；轻刷透明度较大的蓝色，以润泽的色彩表现出光泽度；画出环境色反光，并添加细节。

四、裘皮面料

裘皮面料特点：毛长，绒密，手感光滑柔软。

注意：绘制裘皮类面料时，色调微妙的细线运用举足轻重，利落流畅的线条也是其弹性特征极佳的表现手法。

适用于长短大衣。

裘皮面料的画法如图7-10~图7-13所示。

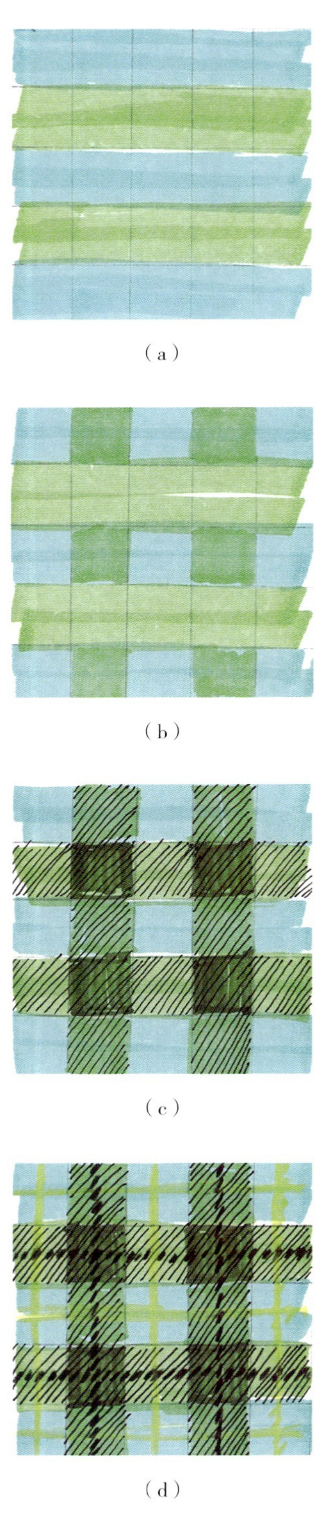

图7-4 方格呢面料的画法

图7-5 方格呢面料在服装上的表现

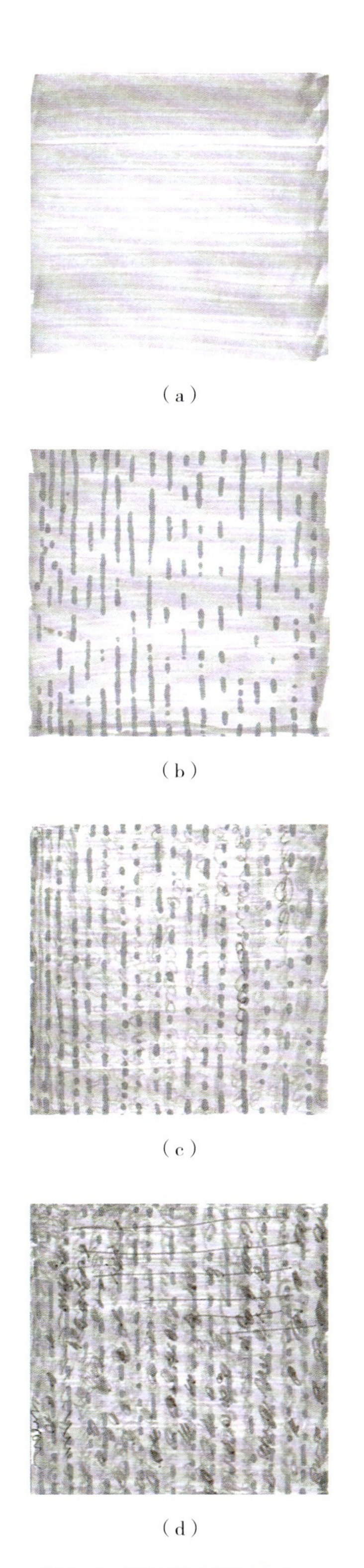

图7-6　粗花呢面料的画法

图7-7　粗花呢面料的服装上的表现

（a）（b）（c）（d）

图7-8 皮革面料的画法1

（a）（b）（c）

图7-9 皮革面料的画法2

（a）（b）（c）（d）

图7-10 裘皮面料的画法1

（a）（b）（c）（d）

图7-11 裘皮面料的画法2

（a）（b）（c）（d）

图7-12 裘皮面料的画法3

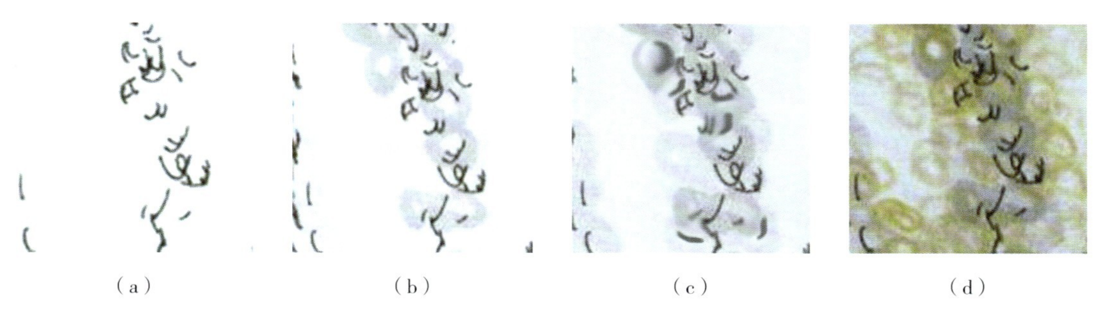

（a）　（b）　（c）　（d）

图7-13　裘皮面料的画法4

毛峰的走向要统一中有变化，呈放射状绘制，切勿过于呆板或杂乱无章。

五、纱质面料

面料特点：软纱柔软，半透明质地，光泽度较柔和；硬纱质地轻盈却有一定的硬挺度。

注意：用水彩渲染更能表现纱柔和的质感，边缘的细节刻画起到画龙点睛的作用。纱质面料适用于表现晚装、裙装或头巾等服饰（图7-14）。

图7-14　纱质面料在服装上的表现

六、羽绒服装面料

羽绒服装的面料特点：强度较大，耐褶皱，吸湿性小，透气性小。

羽绒面料的画法以及在服装上的表现如图7-15、图7-16所示。

勾线时，注意画出羽绒服的厚度，渲染底色；用淡彩铺出大致明暗关系；刻画暗部及阴影部分，在羽绒服的压线部分阴影颜色更深；画出羽绒服的亮部，边缘处理要干净利落。

七、牛仔面料

1. 牛仔面料

面料特点：属棉织物中的斜纹织物。传统牛仔面料较为厚重，粗糙感强，质地较硬，风格粗犷。但经工艺处理后的牛仔面料已是多种多样，具有悬垂性好，手感柔软等优点。

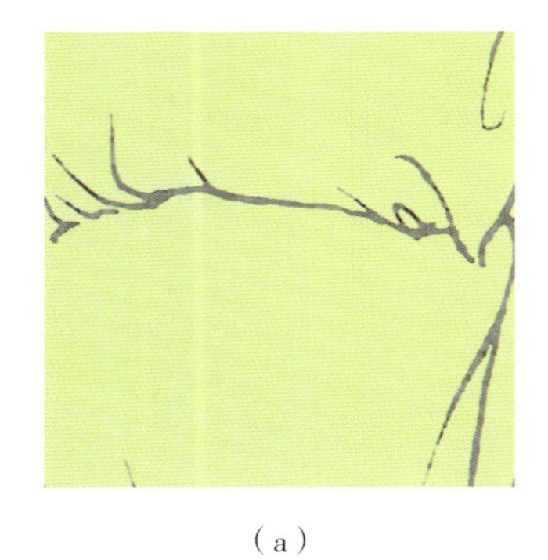

（a）

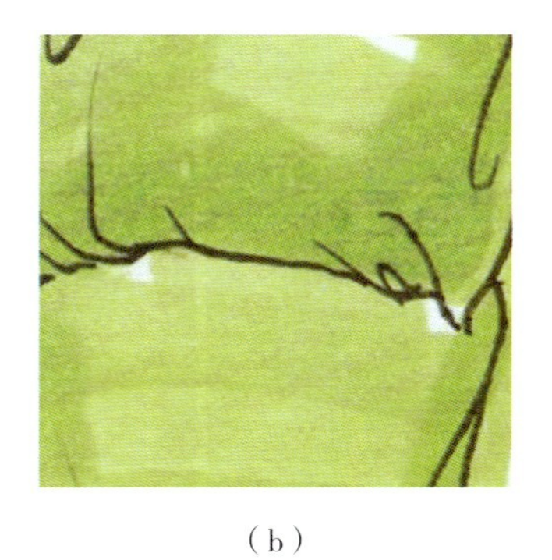

（b）

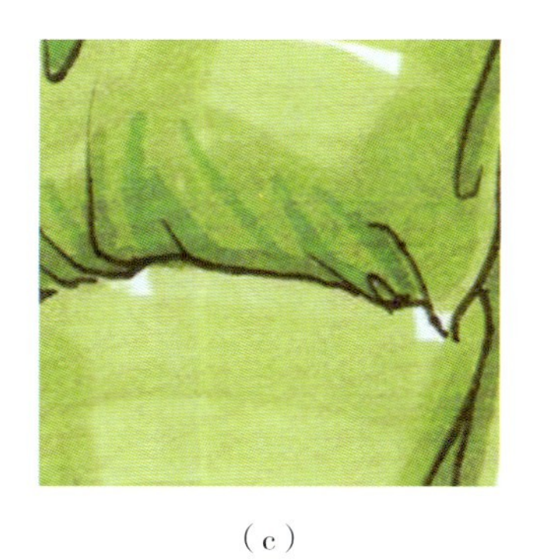

（c）

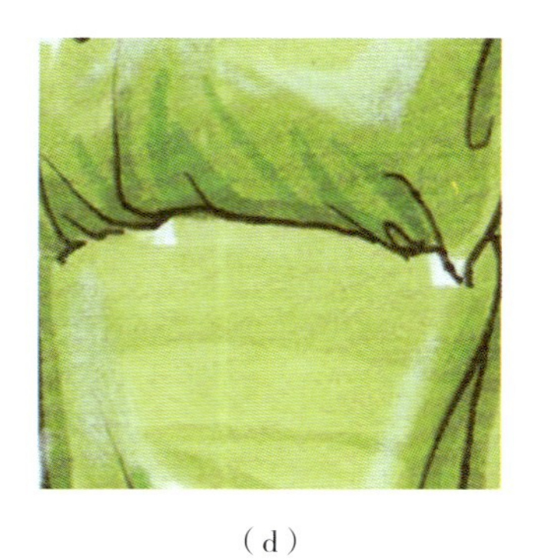

（d）

图7-15　羽绒面料的画法

图7-16　羽绒面料在服装上的表现

注意：一般用涂抹干擦的技法表现牛仔面料的粗犷的效果，缉明线是其服装最显著的特征。各年龄段消费人群皆可穿着。最初是以工装及休闲装为主，但随着时代发展，不同风格特质的服装已逐渐涉足各个领域。

牛仔面料的画法如图7-17、图7-18所示。

铺出底色（布料接缝处留下空白）；用干笔的毛峰沿同一方向轻刷以表现牛仔布的肌理效果；仔细描绘出接缝处的细小褶皱；画出轧在线接缝处的明线。

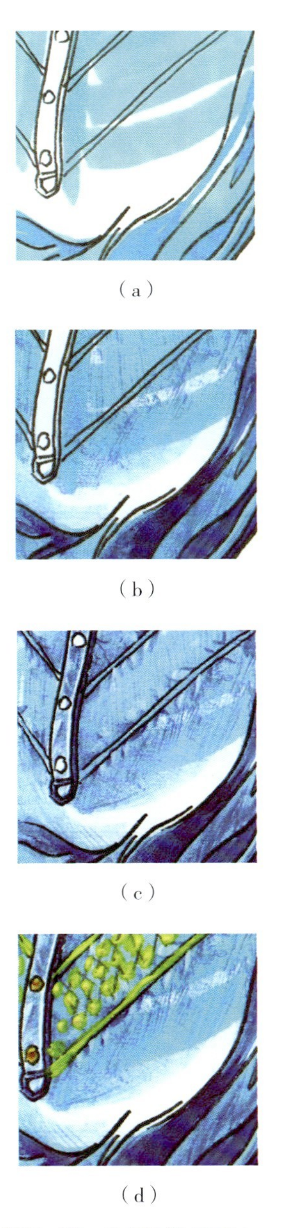

（a）

（b）

（c）

（d）

图7-17　牛仔面料的画法

图7-18　牛仔面料在服装上的表现

2. 开洞抽丝

开洞抽丝常用于牛仔面料，破坏牛仔面料的表面，使其具有无规律、不完整的破烂感。牛仔面料开洞抽丝的画法及在服装上的表现如图7-19、图7-20所示。

（1）铺出牛仔布底色，留出剪切处。

（2）绘出剪切处皮肤的颜色。

（3）较为随意地排列撕拉处的纤维（注意其疏密关系）。

（4）深入刻画布丝与毛边（用深浅不一的蓝色及白色表现织物纤维的丰富与层次感）。

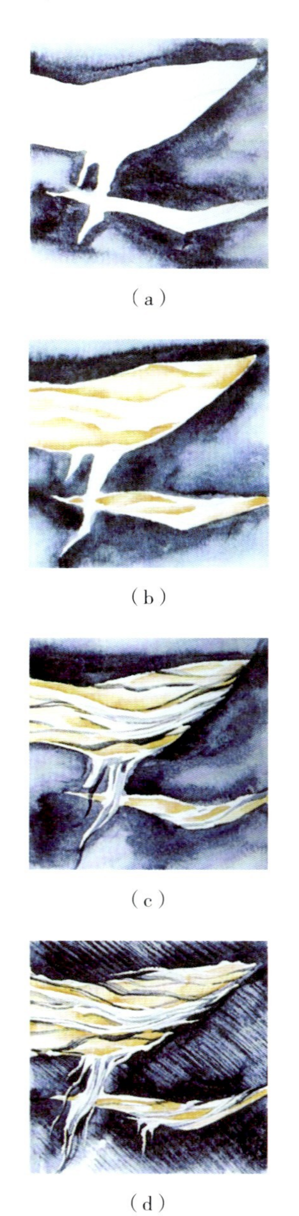

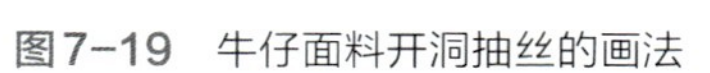

图7-19 牛仔面料开洞抽丝的画法

图7-20 牛仔面料开洞抽丝的画法在服装上的表现

八、蕾丝面料

面料特点：透雕精细。

注意：蕾丝的表现，重点在于图案的精致刻画。

蕾丝面料在服装上的表现如图7-21所示。

图7-21 蕾丝面料在服装上的表现

九、刺绣面料

注意：着力刻画线绣的痕迹，可以使刺绣的肌理感更加突出。

适用于手工艺服装，高级成衣。

刺绣面料的画法及在服装上的应用如图7-22、图7-23所示。

平铺底色，用铅笔绘出纹样；沿纹样涂深色；用撇丝的方法画出花纹的暗部（表现线迹的立体感）；撇丝描绘出纹样的亮部。

(a)

(b)

(c)

(d)

图7-22 刺绣面料的画法

图7-23 刺绣面料在服装上的表现

第二节　面料图案的表现技法

面料图案是指时装面料上的各种形式的纹样，可以分为花鸟及山水图案、动物图案、人物图案、风景图案、几何图案等类型。面料图案的内容、形式各异，但也有共同的特点，即图案的布局及其表现手法具有一定的规律，这种规律是染织面料设计时所要遵循的规律，亦是绘制时装面料图案时借鉴、参考的依据。

一、点的表现方法

1. 案例一（图7-24、图7-25）

圆点：圆点图案风格随意，圆点颜色的深浅需要根据裙子本身的明暗而定。

圆点的画法如图7-25所示。

用水性马克笔将衣服上的暗部画好；使用勾线笔将衣服暗部勾勒出来；使用同色系但是深浅度不同的彩铅将衣服的颜色按照人物的穿着状态画出，塑造出画面的立体感；使用黑色的彩色铅笔将衣服上的阴影部分画出，进一步塑造立体感，拉开颜色层次。

图7-24　圆点实物图

（a）

（b）

图7-25

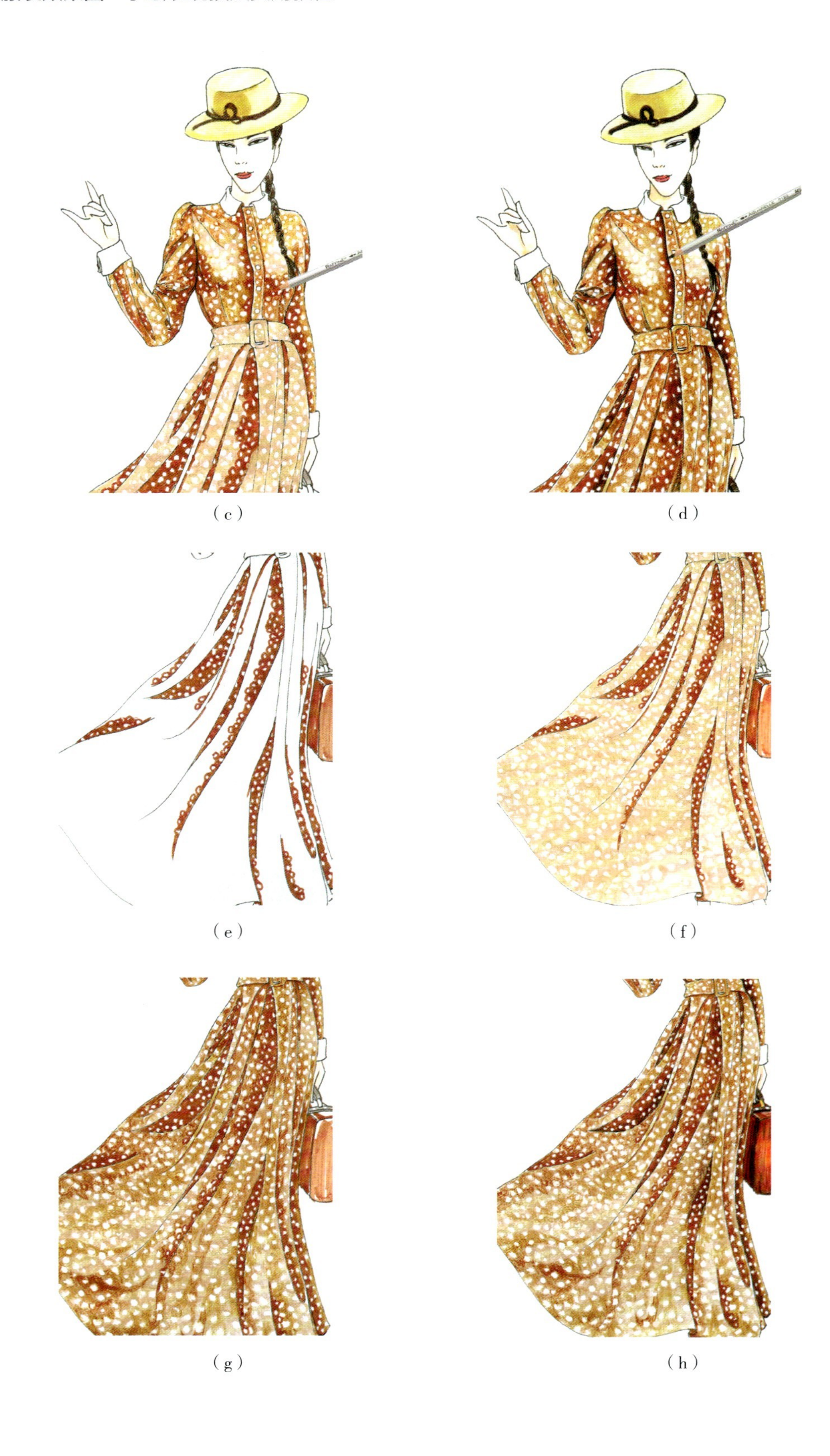

（c）　（d）

（e）　（f）

（g）　（h）

（i）

图7-25　圆点图案在服装上的表现

2. 案例二

分析这张图片（图7-26、图7-27），裙子上的白色碎花可概括为圆点，可在绘画时使用马克笔，并采用比较随意的笔触来塑造裙子，以营造轻松随意的气氛。

碎花的画法如图7-27所示。

（1）画面使用马克笔整体绘画完成，毛呢外套及鞋袜均使用灰色系马克笔，不同的是外套采用暖灰色彩，鞋袜使用冷灰色彩。

（2）裙子采用蓝色马克笔绘制完成，注意笔触松动、轻快。

（3）包虽然是黑色，但出于和谐画面的目的，先使用蓝色铺设底色。

图7-26　碎花实物图

图7-27　碎花图案在服装上的表现

二、线条图案的表现方法（图7-28）

（a）

（b）

（c）

图7-28　线条图案在服装上的表现

三、印花图案的表现方法

印花图案是通过线或形的重复而创造出来，那些重复的图案不仅必须是连贯的，而且必须考虑到人体的轮廓，以及衣纹、碎褶和服装的裁剪（图7-29）。

在给服装描绘图案或织物时，要试着使布料形成一种整体的效果或形式，没必要重复一些琐碎的细节。

图7-29　印花图案的画法

1. 几何花纹图案

几何花纹图案的画法如图7-30所示。

先铺出面料底色；把主要花纹用马克笔画出来；用针管笔勾线，并表现暗部；完善细节。

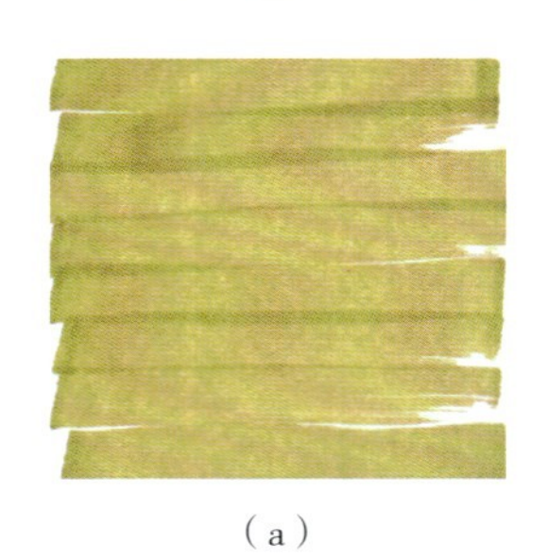
（a）
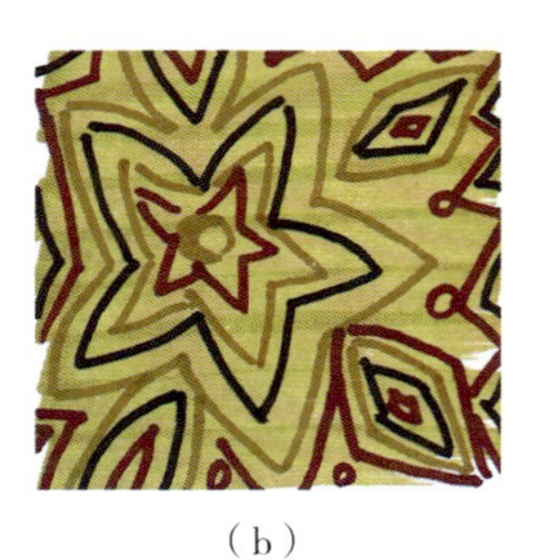
（b）
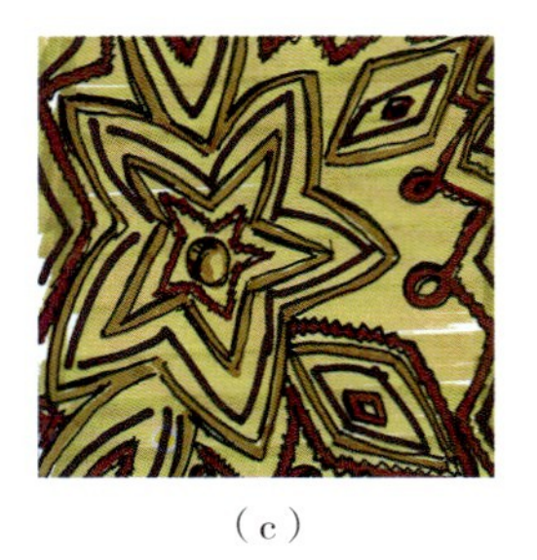
（c）

（d）

图7-30　几何花纹图案的画法

2. 清新碎花图案

清新碎花图案画法如图7-31所示。

先铺出面料底色；把枝干、花朵及树叶画出；画出枝干、花朵及树叶的暗部；完善细节。

（a）
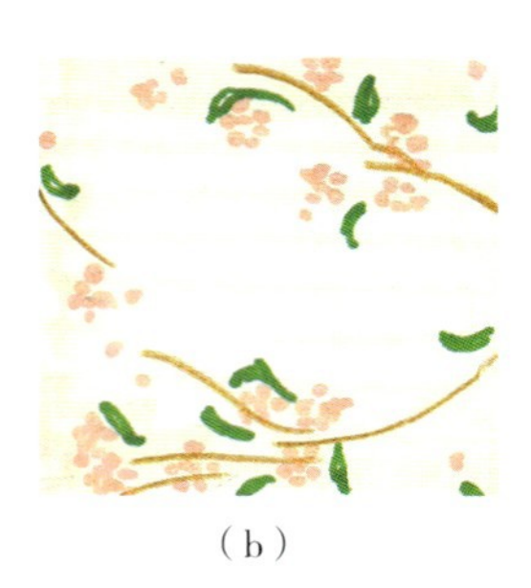
（b）

（c）

（d）

图7-31　清新碎花图案的画法

3. 灿烂大花图案

灿烂大花图案画法如图7-32所示。

画出花朵大结构；塑造花瓣根部阴影；画出花瓣主要颜色；调和花瓣颜色，补充细节。

图7-33为印花图案在服装上的表现。

（a）

（b）

（c）

（d）

图7-32　灿烂大花图案的画法

图7-33　印花图案在服装上的表现

四、其他图案的表现方法

1. 迷彩图案

迷彩图案多用于军装风格的时装设计，常使用马克笔来绘制。

迷彩图案的画法如7-34所示。

均匀平铺底色；用浅色画出迷彩部分不规则图形；用另一种颜色填充相邻区域；用最深色在空白处穿插点缀，使各色块达到和谐统一。

（a）

（b）

（c）

（d）

图7-34 迷彩图案的画法

2. 虎皮图案

虎皮图案常用于另类大胆的服装、服饰设计。

虎皮图案的画法如图7-35所示。

铺底色，中心部最深，以暗、明、灰的顺序排列晕染；沿中轴线确定花纹走向；沿中心线呈放射状绘制纹样（有序而随意）；用雨丝线表现出毛皮的质感。

（a）

（b）

（c）

（d）

图7-35 虎皮图案的画法

3. 豹皮图案

豹皮图案常用于前卫并带野性的服装服饰设计。

豹皮图案的画法如图7-36所示。

淡彩晕染铺底色；点画出棕色斑点；画黑褐色斑点并沿棕色斑点排列，晕染边缘使其模糊，以表现出毛绒的柔软感；丰富斑点效果。

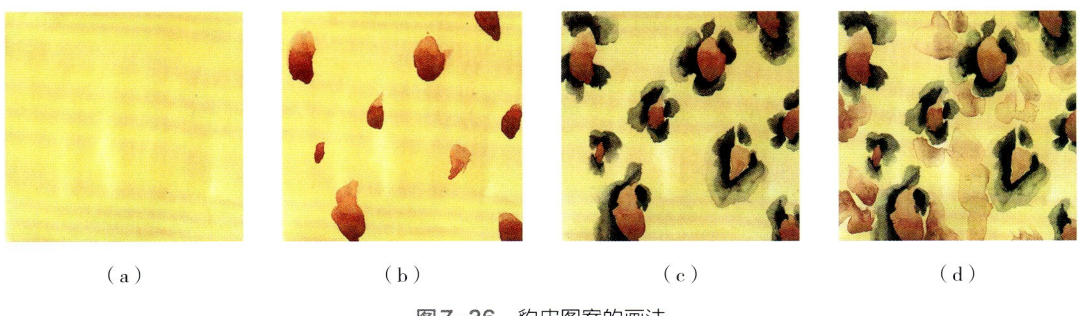

（a）　（b）　（c）　（d）

图7-36　豹皮图案的画法

第三节　其他面料的画法

一、多层抽褶

多层抽褶适宜用水彩表现。通过不同浓淡的渲染表现其伸缩性。细褶的排列需有序而不呆板，富于变化而不凌乱。

多层抽褶的画法如图7-37所示。

淡彩铺底，用铅笔画横向平行线；用较深色表现横排的明暗关系，以突出其立体感；用深色勾出其主要的褶皱；进一步增加不规则的细碎褶皱。

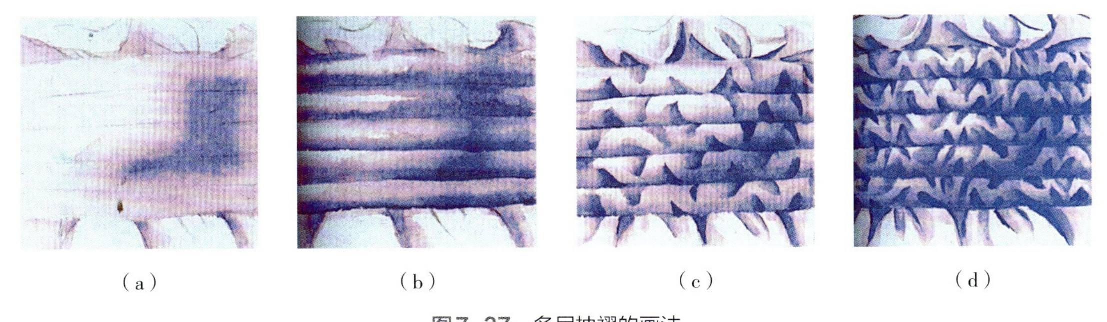

（a）　（b）　（c）　（d）

图7-37　多层抽褶的画法

二、鸽网刺绣

鸽网刺绣适用于夏季服装及家居服。

鸽网刺绣的画法如图7-38所示。

刷底色，用肤色填充花样（因网眼透出肤色）；沿花纹边缘撇丝，强调绣线；用同类色画出暗部，以表现刺绣的立体感；提亮亮部。

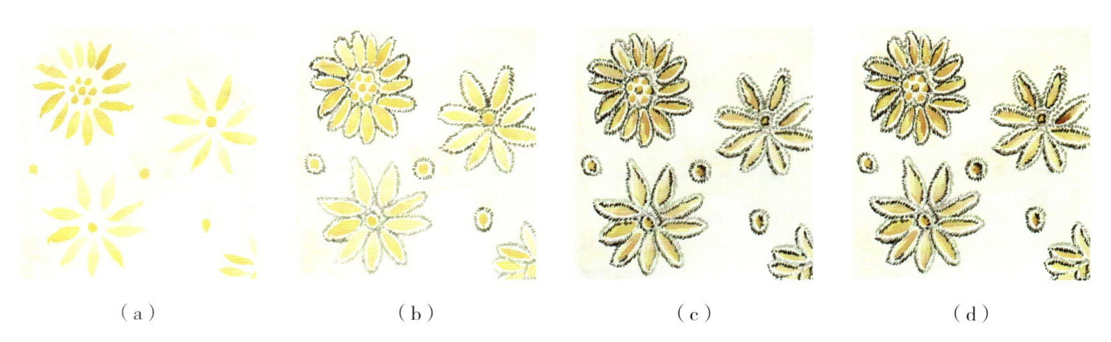

（a）（b）（c）（d）

图7-38 鸽网刺绣的画法

三、刺绣

刺绣适用于手工艺服装、高级成衣。着力刻化绣线的痕迹，可以使刺绣的肌理感更加突出。

刺绣的画法如图7-39所示。

平铺底色，用铅笔绘出纹样；沿纹样边缘涂深色，空出纹样；用撇丝的方法画出花纹的暗部（表现线迹的立体感）；描绘纹样的暗部。

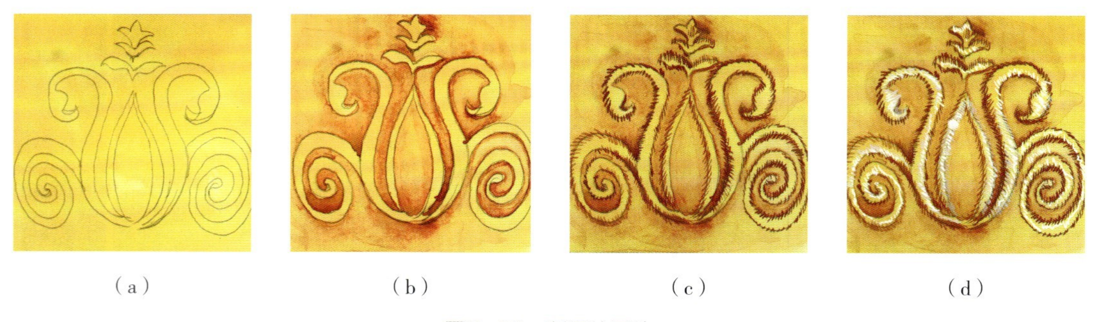

（a）（b）（c）（d）

图7-39 刺绣的画法

四、针毛型毛皮

绘画针毛型毛皮时，用色调微妙的细线和利落流畅的线条表现其毛长、绒密、手感光滑的质感。

针毛型毛皮的画法如图7-40所示。

淡彩晕染出条状底色；自上而下运笔，画出暗部的大致位置；顺着毛皮的走向撇出毛丝；深入刻画，然后用清水笔轻轻晕染，突出皮毛的柔和质感。

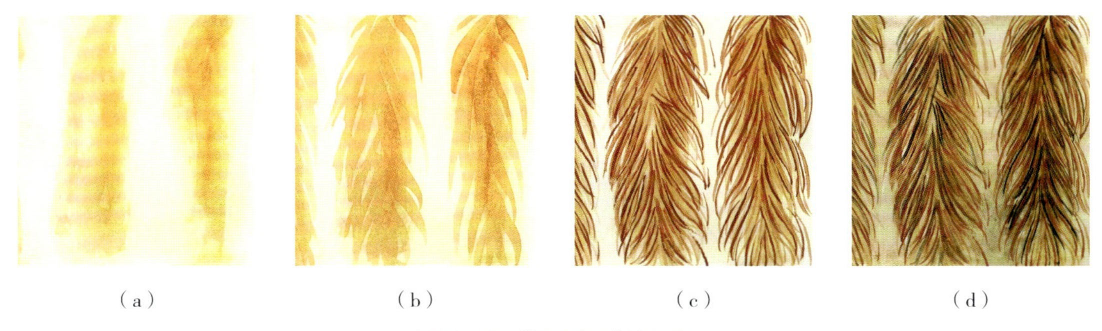

（a）　（b）　（c）　（d）

图7-40　针毛型毛皮的画法

五、泡泡纱

泡泡纱属于棉织物中的绉类织物。质地柔软吸水性强，吸湿性好，手感舒适。多用于童装、夏季服装、女性家居服等。

泡泡纱的画法如图7-41所示。

淡彩铺底，注意留白；以较深色覆盖，注意透明感；绘出波浪式纹样，并沿着纹样起伏点画出细长深色椭圆点；在椭圆点上提出高光，表现泡泡纱表面凹凸起伏的肌理感。

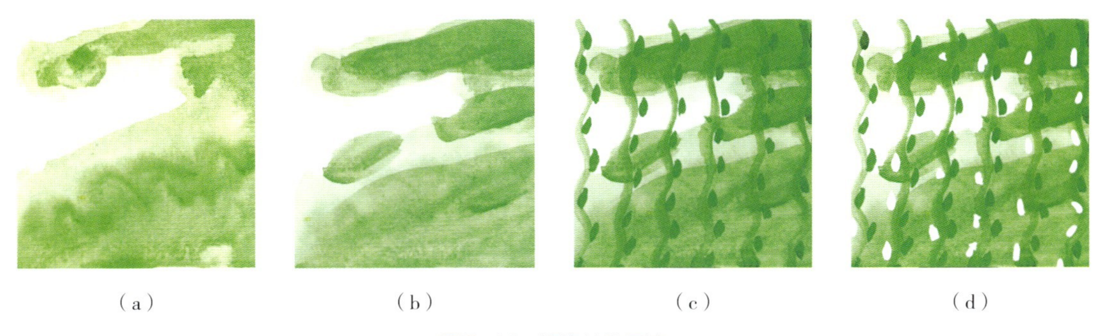

（a）　（b）　（c）　（d）

图7-41　泡泡纱的画法

六、小块羽绒服装面料

羽绒服装面料强度大，耐褶皱，吸湿性小，透气性较差。

羽绒服装面料的画法如图7-42所示。

渲染底色，用铅笔画出菱形网格；用较深色画出斜方向的暗部；画出每小格的明、灰、暗关系；用细线在格子交接处画出压缝线。

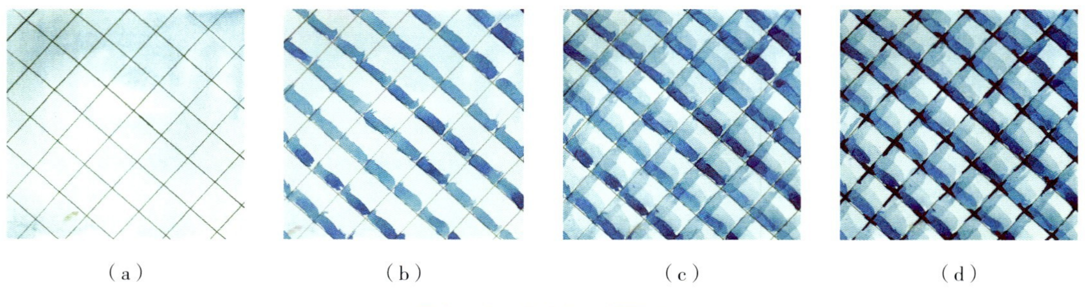

图7-42　羽绒面料的画法

七、缩缝

缩缝是将织物缝成细小的膨褶或碎褶，并组成一定的图案。适合用水彩表现，投影及缝线部位是表现其工艺特征的重点之处。

缩缝的画法如图7-43所示。

淡彩晕染底色，用铅笔画出交叉线；用浅色绘出缩缝的边缘；对暗部进行加工以表现膨胀的立体感；用深色画出凹部阴影。

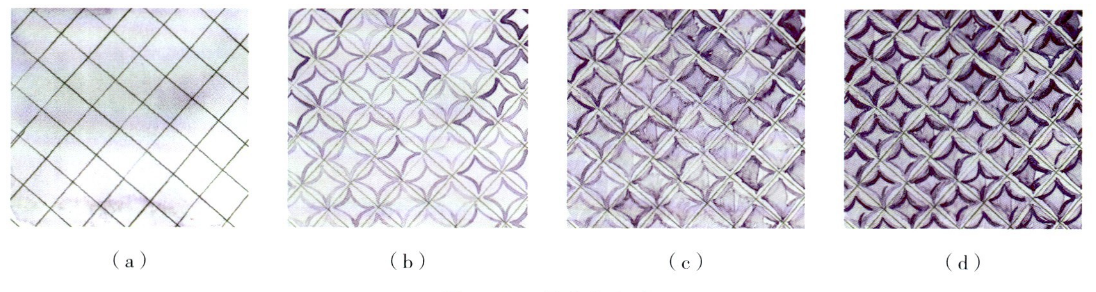

图7-43　缩缝的画法

八、打褶（图7-44）

九、扎染（图7-45）

十、亮片（图7-46）

十一、蛇皮图案（图7-47）

图7-44　打褶

图7-45　扎染

图7-46　亮片

图7-47　蛇皮图案

十二、针织（图7-48）

十三、勾花（图7-49）

十四、盘绣（图7-50）

十五、条纹图案（图7-51）

图7-48　针织

图7-49　勾花

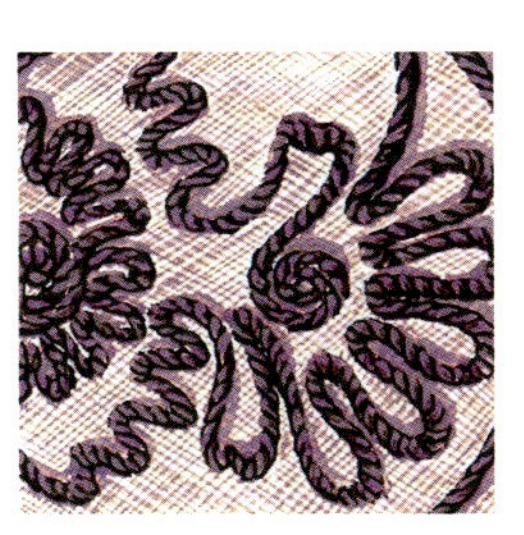

图7-50　盘绣

图7-51　条纹图案

第八章
Chapter Eight

服装画的风格表现

服装画的风格类型主要有以下几大类：写实风格、简化风格、夸张风格以及装饰风格、卡通风格等。在绘制服装画之前可以结合所要绘制的服装画的特点，选择一种适合表现服装画的风格来更好地达到想要表达的效果。

第一节　服装画的写实风格

写实风格主要以正常人体比例为基础，详细记录服装的款式特点，给人一种亲切感和现实感，这类风格在服装画中比较多见，是服装画主要表现的方式，通常被称为写实风格。

如图8-1所示的作品，作者是以一张照片为原型利用彩铅进行的写实画法。

图8-2所示作品也是运用了写实技法，利用铅笔采用写实的素描技法还原了一个人物，是非常典型的写实风格作品。

图8-1　写实风格的服装画1（作者：张世尧）

图8-2　写实风格的服装画2（作者：张世尧）

第二节　服装画的夸张风格

选择最具特点的一点或者几个方面，从夸张的角度出发，来放大这一或者几个典型的特点，可以夸张人物的发型、头部、颈肩部、腿部或单纯的夸张服装等（图8-3）。

图8-3　夸张风格的服装画1（作者：秦燕）

如图8-4所示，这幅服装画采取了手绘和电脑后期整理相结合的手法。手绘的时装人物进行了夸张处理，拉长了人物的比例，人物显得极其修长，并在此基础上做了许多装饰。

图8-4　夸张风格的服装画2（作者：闫慧）

第三节　服装画的简化风格

简化风格的表现形式和“写意中国画”有很多相似之处，它以简洁的手法，概括地描绘时装人物的基本形态和神韵，一般有人体的简化或者服装的简化两种方式。人体的简化可以省略人体的五官、四肢等，而服装的简化则可以省略部分衣纹、图案。

如图8-5所示，作者在表现服装时采用了拼贴的技法，仅用了几块蕾丝面料就将裙子的造型和质感表现了出来，虽然是简化的风格，但表现到画面上的东西却并不简单。

如图8-6所示，这是一幅学生作品，作者是以剪影的形式来表现的，简化了人物的所有细节，作品虽然简单但是人物结构完整，使用水粉技法，红、黑、白三个颜色渲染的整个画面气氛比较足，是一幅不错的作品。

图8-5　简化风格的服装画1（作者：方俊丹）

图8-6　简化风格的服装画2（作者：项梦楠）

第四节　服装画的装饰风格

装饰风格是指对形象加以主观审美的提炼和概括。在形象内部结构与细节用点线面予以修饰（图8-7）。

如图8-8所示，该幅作品使用针管笔、彩铅在白卡纸上绘制完成。此作品对人物及服装的塑造比较唯美，尤其人物的体态很美。针管笔勾线的功力不俗。在白卡纸上用彩铅绘制蕾丝的想法比较新奇，整体是一幅上乘之作。

图8-7　装饰风格的服装画1（作者：秦燕）

图8-8　装饰风格的服装画2（作者：秦燕）

第五节　服装画的插画风格

服装画的插画风格以服装为基础，适当夸张人体，把它们的特征进行适当的强调和夸张（图8-9）。

图8-9、图8-10是一系列作品。此系列作品整体想法新奇，并不以表现服装为主。作者仿佛陷入另外一个世界，主体人物身材修长，题材新奇，反映出作者不同凡响的想象力及绘画功力。

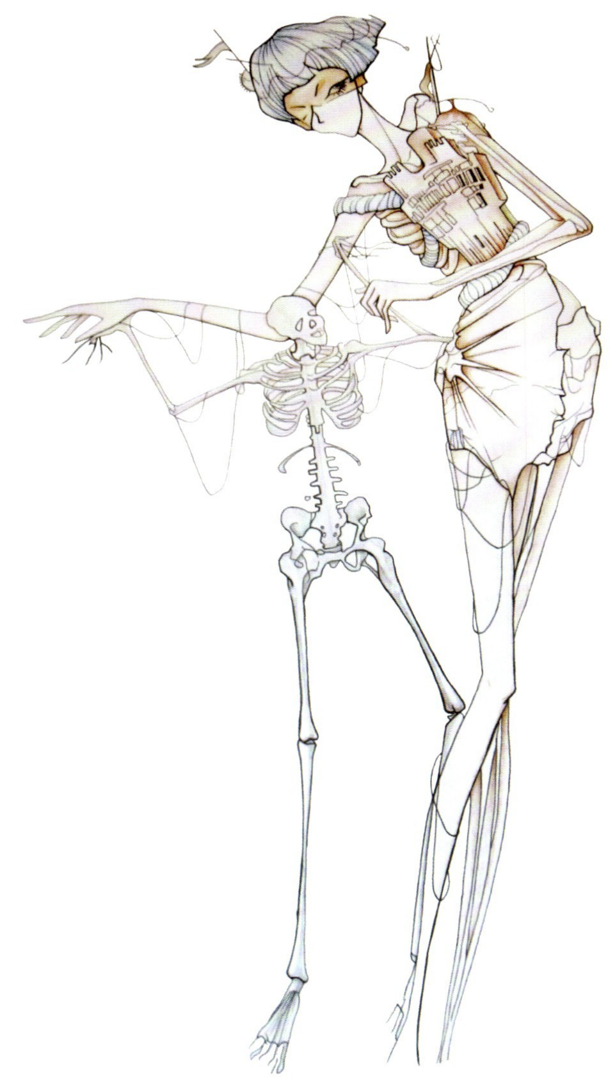

图8-9　插画风格的服装画1（作者：秦燕）

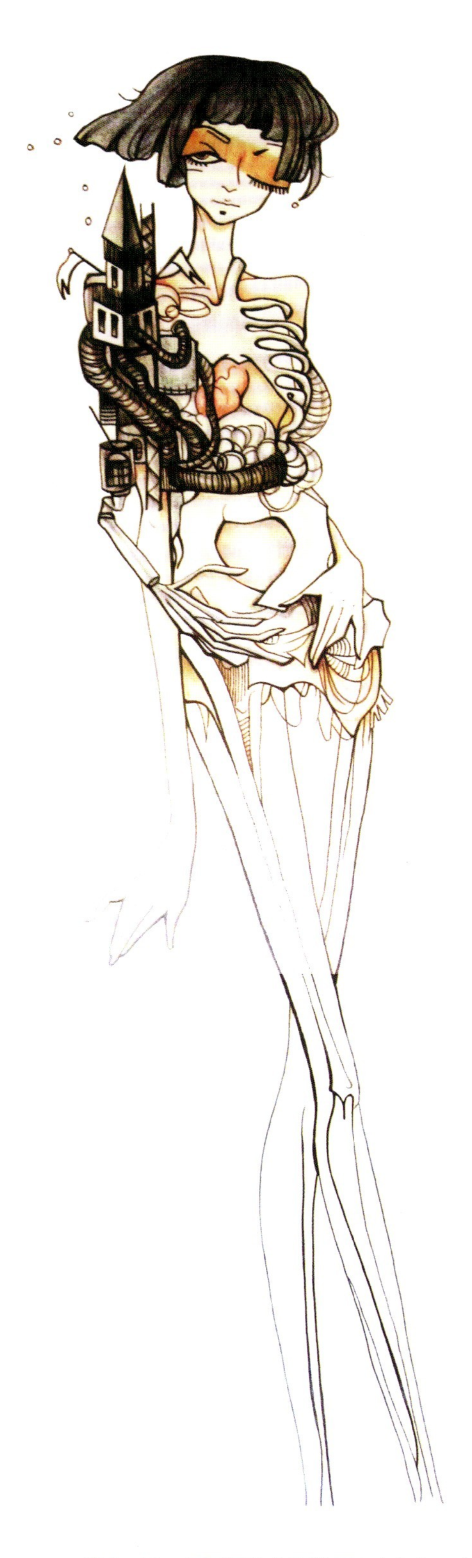

图8-10　插画风格的服装画2（作者：秦燕）

第九章
Chapter Nine

计算机辅助服装画

计算机辅助服装画是服装设计师最为重要的设计表达手法之一，它的视觉效果强烈而直观，表现细腻而丰富，使用便捷而高效，因而被越来越多的人所运用。

第一节　计算机辅助平面款式图

计算机辅助平面款式图（图9-1、图9-2），指服装设计师在服装设计过程中运用简练的线条勾勒出服装的内部结构和外部轮廓，表现服装样式的图。计算机辅助平面款式图不仅包括服装本身的款式造型，还包括服装各部位的细节、内部结构线以及局部工艺。

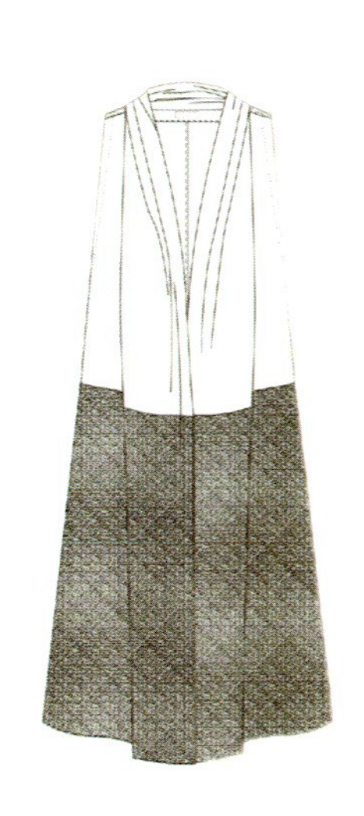

图9-1　计算机辅助平面款式图1

图9-2　计算机辅助平面款式图2

第二节　计算机辅助效果图

计算机辅助效果图（图9-3~图9-6）的表达方式多种多样，可以使用的软件和工具也比较多，但仍以传达服装款式为目的。

图9-3　计算机辅助效果图1

图9-4 计算机辅助效果图2

图9-5　计算机辅助效果图3

图9-6　计算机辅助效果图4

第十章
Chapter Ten

服装画作品鉴赏

图10-1　效果图范例赏析1

图10-2　效果图范例赏析2

图10-3　效果图范例赏析3（作者：王莹）

图10-4　效果图范例赏析4（作者：王莹）

图10-5　效果图范例赏析5

图10-6　效果图范例赏析6

图10-7　效果图范例赏析7

图10-8　效果图范例赏析8

图10-9　效果图范例赏析9

图10-10 效果图范例赏析10

图10-11　效果图范例赏析11（作者：李荣）

图10-12　效果图范例赏析12（作者：张海霞）

图10-13　效果图范例赏析13（作者：蔡权帅）